沥青混凝土细观性能数字图像表征

焦峪波　郭庆林　李黎丽　张　鹏　著

科学出版社

北　京

内 容 简 介

　　本书总结了数字图像处理技术在沥青混凝土材料研究领域的应用现状以及数字图像处理技术的优势与未来趋势,阐述了沥青混凝土数字图像采集与处理方法,介绍了运用数字图像处理技术评价油石界面破坏模式和推测沥青混凝土级配的技术原理,以及如何运用数字图像处理技术评价沥青混凝土的细观损伤程度,还介绍了沥青混凝土图像矢量化技术,并阐述了运用细观方法分析沥青混凝土力学性能损伤程度的相关技术。

　　本书可供从事道路工程的科研、设计、施工等技术人员参考,亦可作为高等院校相关专业的教材。

图书在版编目(CIP)数据

沥青混凝土细观性能数字图像表征 / 焦峪波等著 . —北京:科学出版社,
2022.11

　ISBN 978-7-03-073105-0

　Ⅰ.①沥… 　Ⅱ.①焦… 　Ⅲ.①沥青混凝土-数字图像处理-研究
Ⅳ.①TU528.42

　中国版本图书馆 CIP 数据核字(2022)第 166557 号

责任编辑:梁广平 / 责任校对:任苗苗
责任印制:吴兆东 / 封面设计:陈　敬

科 学 出 版 社 出版
北京东黄城根北街 16 号
邮政编码: 100717
http://www.sciencep.com

北京中石油彩色印刷有限责任公司 印刷
科学出版社发行　各地新华书店经销
*

2022 年 11 月第　一　版　开本:720×1000 B5
2024 年　1 月第三次印刷　印张:8 1/2
字数:160 000
定价:80.00 元
(如有印装质量问题,我社负责调换)

前　言

沥青路面具有良好的行车舒适性和连续性,在路面工程中得到广泛应用,长期以来,对沥青混凝土性能和损伤机制的研究是国内外普遍关注的热点和难点。工程实践中对沥青混凝土性能的研究主要是以试验方式确定其材料参数,以宏观物理指标和力学指标作为沥青混凝土设计、施工依据。但长期工程应用效果表明,即使宏观指标满足要求,沥青混凝土的力学和使用性能也不尽相同,严重时这些差异会直接导致沥青路面的损坏。因此,分析沥青混凝土内部结构是研究其材料行为特征的理论基础和重要途径。

随着计算机处理能力和数字摄影技术的迅猛发展,2000年以后,数字图像处理技术被逐步引入沥青混合料材料性能的研究中。利用数字图像处理技术研究沥青混凝土的细观结构,明确影响沥青混凝土细观性能的相关因素,可以为改善沥青混合料设计与施工方法提供有力的理论支撑。

本书共7章,详细阐述了沥青混凝土数字图像的采集与处理技术、沥青混凝土级配推测技术、细观损伤特性评价技术及沥青混凝土力学性能细观损伤分析技术。

本书第1章、第4章、第7章由北京工业大学焦峪波撰写,第2章、第3章由河北工程大学郭庆林撰写,第5章由苏交科集团股份有限公司张鹏撰写,第6章由河北工程大学李黎丽撰写,全书由焦峪波统稿。河北工程大学研究生李懿明、刘强、胡俊兴、李晓旭、张博昊、张艳珍、刘文蓉、王一博等,以及北京工业大学研究生杨华、陈耀嘉为本书图表制作做了大量工作,在此对他们的付出表示感谢。

本书研究过程得到了国家自然科学基金项目(51508150,51408258,52178266)、中国博士后科学基金特别资助项目(2015T80305)、河北省自然科学基金项目(E2018402206)、江苏省自然科学基金项目(BK20170156)的资助与支持。

鉴于作者水平有限,书中缺点和不足在所难免,恳请国内外同行专家、学者和读者批评指正。

作　者
2022年7月

目　　录

第1章 绪 论

1.1 数字图像处理技术原理

经过多年发展,我国交通基础设施建设取得了跨越式的发展,公路总里程逐年增加。沥青路面具有良好的行车舒适性和连续性,便于碾压施工,在路面工程中得到广泛应用,同时也成为现代高等级路面面层结构的首选形式。长期以来,对沥青混合料工程性能和损伤破坏机制的研究是国内外普遍关注的研究热点和难点。其中既有外部因素影响又有内部因素影响。一方面,采用沥青混合料修筑的沥青路面受到外部环境和行车荷载的作用,车辆荷载是容易确定的,复杂多变的环境因素则无疑增加了沥青混凝土的受力复杂程度。另一方面,沥青混合料是一种由沥青胶浆、填料和矿质集料组成的复合材料,集料与沥青胶浆具有完全不同的材料性质,当混合料受到外部荷载作用时,混合料内部的应力传递机理和变形机理极其复杂,运用经典力学理论只能对其进行近似计算分析,这种分析方法与混合料真实结构之间存在较大的差异。因此,对沥青混合料内部的受力传力机理的研究就显得尤为重要。

传统的路面设计方法以经典弹性力学或黏弹性力学为基础[1,2],通过试验研究的方式确定沥青混合料的力学参数[3]。这种方法侧重于以材料的宏观响应和参数描述混合料的性质,主要是从唯象学的角度对混合料力学性质进行评价分析,以宏观定义的物理指标和力学指标作为面层结构设计的主要根据。但是长期的实际工程应用效果表明,即使宏观指标满足设计要求,沥青混合料的力学性能和使用性能也不尽相同,严重时这些差异会呈现为沥青路面损坏。可见仅采用宏观指标不足以准确地描述沥青混合料的性质。另外,宏观指标难以明确混合料复杂的细观复合结构,从而无法解释混合料内部的受力传力机理,这也恰恰是宏观指标的缺陷所在。因此,从沥青混合料真实结构入手研究混合料的力学性质将是十分有益的。

一方面,沥青是一种高分子黏弹性材料,沥青作为黏结材料,与集料混合组成了具有黏弹性能的复合材料,虽然大量的试验研究对沥青胶浆和混合料黏弹性能、疲劳性能等有了深入的了解和分析[4-8],但是,沥青混合料是多尺度、多层次(宏观、细观、微观)和多相(气相、液相、固相)的复合材料体系,比人们所认识的要复杂得多,混合料内部的结构特征、空隙含量以及集料含量都会对混合料的力学性能产生显著影响[6],集料的不规则形状和分布特征也会影响沥青混合料的力学性能。由于受到诸多因素的影响,沥青混合料的宏观性能具有模糊性和不确定性。在进行混合料性能试验时,由于成型方式不可逆,混合料内部粗细集料随机分布使得混合料某些指标呈现较大的随机性。因此,评价混合料内部结构的均一性,分析沥青混合料结构特点与受力传力的内在联系,显得尤为重要。

另一方面,沥青混合料结构的随机性使得混合料内部结构的特性与宏观尺度的指标评价存在很大差异,且由于受制于理论分析水平,基于现象的经验方法需要大量的试验。采用宏观指标评价研究沥青混合料的性能时,需要消耗大量的人力、财力和物力,并且测试结果的变异性大、再现性差。而采用细观力学分析方法,不仅能避免大量的试验,而且能够从细观尺度深入分析混合料在外部环境作用下的内部力学反应。对沥青混合料内部结构的分析是研究沥青混合料材料行为特征的理论基础和重要途径。

从沥青混凝土的细观结构入手,利用细观力学的研究方法对沥青混凝土内部结构进行模型重构,结合理论和试验成果建立真实的物理模型,对沥青混凝土材料的力学性能进行研究,揭示沥青混合料细观力学变化引起的宏观响应,同时真实反映沥青混合料的受力传递机理和变形机理,具有重要的理论意义。随着计算机处理能力和数字图像技术的迅速发展,图像处理技术在很多学科得到广泛应用。随着研究的深入,数字图像处理技术在 2000 年以后被逐步引入沥青混合料材料性能的研究中。

数字图像处理(digital image processing,DIP)技术,是利用计算机数据分析方法对数字图像进行去除噪声、增强、复原、分割、提取特征等一系列处理从而获得预期数据结果的技术。对沥青混凝土材料而言,数字图像处理技术主要包括图像获取、图像处理、图像识别及图像输出 4 个过程。如图 1.1 所示。

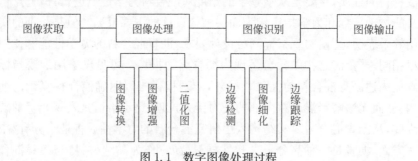

图 1.1　数字图像处理过程

利用数字图像处理技术研究沥青混合料的微观结构,了解影响沥青混凝土细观性能的相关因素,为改善沥青混合料设计方法提供了理论依据。数字图像处理流程一般包括以下四个方面。

1)数字图像编码

数字图像是经常需要存储、传输的一种信息资源,而图像编码的主要研究内容就是在保证数字图像通用性与可用性的前提下,采用合理的数字图像格式,以尽量减少图像的存储容量,并保证图像的完整性、可识别性、易操作性。一般来说,采用数字照相机或透视扫描技术获取图像。

2)图像增强与复原

图像增强的主要目的是改善数字图像的主观质量,并不追究造成数字图像质量下降的原因;图像复原是尽可能使数字图像恢复本来面目,并找出图像质量降低的原因及因素。概括地说,图像增强主要是以数字图像主观清晰为目标,图像复原是以数字图像逼真为目标,两者相辅相成,确保获取的数字图像的可操作性。

3)图像分析

图像分析主要有三个步骤:图像分割、表达与描述、模式分类。图像分割是通过预先定义的处理规则,在一幅图像中把感兴趣的对象与数字图像的背景分离,获取所需要的数字信息。表达与描述是通过适当的数学方式(图论、空间矩法等)表示出对象的结构与统计性质或者两者的相互关系。模式分类是根据已经获取的数字图像的信息对它的性质进行判断。

4)图像重建

图像重建是通过阴影、运动等图像信息处理技术,恢复三维物体的形状,或通过 X 射线、核磁共振、超声波等技术手段,得到同一对象不同角度的多个二维数字投影图,进而通过计算机来构建物体较完整的三维数值结构,建立图像模型。

1.2　数字图像处理技术在沥青混合料中的应用现状

1.2.1　集料特征测量与评价

二维视角下,通过图像采集设备快速获取集料的高度、长度和宽度等特征,通过二次计算,可以得到圆度、长宽比和分形维数等指标。图像采集设备包括电荷耦合器件(charge-coupled device,CCD)数字照相机、轮廓测量仪(profile scanner)、数码显微镜。这些设备的测量效率有待进一步提高。因此,研究人员研制了更高效的图像测量系统,包括集料图像测量系统(aggregate image measure system,AIMS)[9,10]、粗集料形态特征研究系统(morphology analysis system of coarse aggregate,MASCA)[10]、集料图像分析系统(University of Illinois Aggregate Image Analyzer,UI-AIA)[10]、数字图像评估系统(digital image evaluation system,DIES)[11]等,如图 1.2 所示。这些系统测试精度更高,测试速度更快,广泛用于集料特征图像分析。

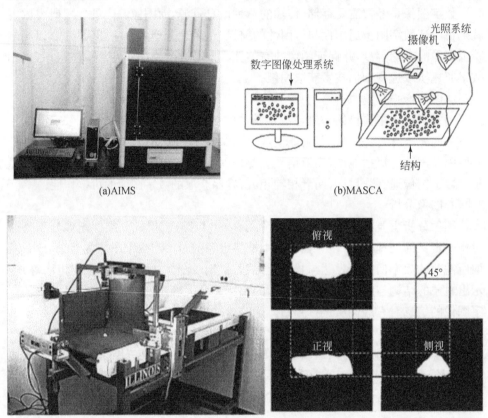

(a)AIMS　　　　　　　　　　　(b)MASCA

(c)UI-AIA　　　　　　　　　(d)集料的三维轮廓图

图 1.2　图像测量系统

三维视角下,主要采用 X 射线计算机断层扫描(computed tomography,CT)技术[10,12,13]和三维激光扫描技术[1,14-16]获取集料图像,图像采集技术如图 1.3 所示。其中 X 射线计算机断层扫描设备及过程如图 1.4 所示,三维激光扫描设备及过程如图 1.5 所示。

X 射线计算机断层扫描(X-CT)成像原理是数据采集系统将检测器测得的辐射强度值转换为数字信号,进行计算机处理并输出集料检测层的切片图像,然后,提取集料的二维特征,并使用一系列二维切片完成集料的三维重构。集料重构过程如图 1.6 所示。其中典型的 X-CT 系统包括射线源、辐射探测器、准直仪、数据采集系统、样品扫描机械系统、计算机系统和辅助系统,通过模式识别方法、体素方法[10]和傅里叶级数方法来测定集料的形态特征。

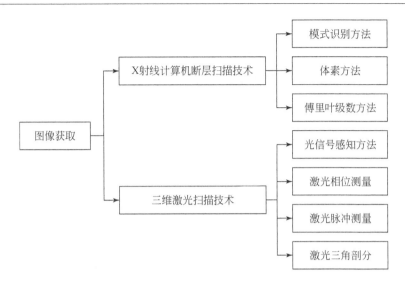

图 1.3 图像采集技术

图 1.4 X射线计算机断层扫描设备及过程

图 1.5 三维激光扫描设备及过程

图 1.6　X 射线计算机断层扫描集料重构过程

　　三维激光扫描技术包括光信号感知方法、激光相位测量、激光脉冲测量和激光三角剖分。其原理是将集料放在一个旋转台上,激光束连接到坐标测量机,然后沿三个正交轴移动扫描仪,激光扫描仪的传感器捕获从物体反射的光。接收的光信号将转换为具有三维空间坐标的点数据,对数据进行处理后用于下一步分析计算。光信号感知方法包括激光传感方法和光纤传感方法。光纤传感方法测量精度极高,但测量结果易受集料自身颜色质地影响,检测前需要对集料进行真空裹覆,增加了操作难度和时间,只适用于室内试验研究;激光传感方法影响因素少、测量精度高、测量效率高,被广泛应用。三维激光扫描技术突破了传统单点测量方法的局限性,能够集中获取目标物体的大量数据点。与 CCD 图像处理和 X 射线计算机断层扫描成像相比,激光扫描技术能够真正实现集料颗粒的三维重建,能够更快、更准确地获得集料的形态特征。三维激光扫描集料重构过程如图 1.7 所示。

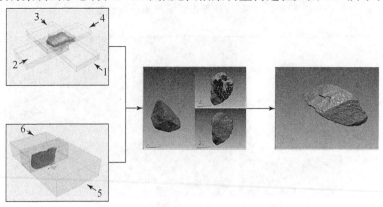

图 1.7　三维激光扫描集料重构过程

无论使用什么方法采集集料图像,都可以通过分析集料的长度、宽度和高度等指标来评估集料的形态特征。集料颗粒的综合形态特征主要包括形状、棱角和表面纹理三个层次,其中形状和棱角属于宏观范畴,表面纹理属于微观范畴。在数字图像处理的基础上,研究人员针对粗集料的形状、棱角和表面纹理提出了大量形态学评估方法和指标[10],如图 1.8 所示。通过这些指标,能够全面评估粗集料的形态特征。

图 1.8 集料三大形态特征

与分析粗集料形态特征的方法相比,对细集料形态特征的分析方法并不深入,常用间接测量的方法来推断细集料的形态信息。但是这些方法可以给出集料形态的一般特征,而无法得出有关各个形态因素的特定结论。因此,DIP 技术的兴起,对于确定细集料的形态指标值具有积极的意义,通过将 DIP 的数据与空隙量测试(uncompacted void content test,UVCT)和沙流测试(sand flow test,SFT)的结果进行比较,发现 DIP 能够确定细集料的特定形态指标[2]。

集料形状的定义是颗粒轮廓边界或表面上所有点的集合。集料的主要形状参数包括面积、周长、长轴长度、次轴长度、短轴长度和等效直径,可以通过数字图像处理技术直接获得。长轴、次轴和短轴长度可以用来描述聚集体颗粒的尺寸,这是常规的颗粒尺寸。由于主要形状参数不足以完全反映聚集颗粒的形状特征,研究人员通常选择由主要形状参数计算出的二次参数来描述聚集颗粒的形状特征[2,3,10]。圆度和轴向系数用来表征基于 MASCA 的集料形状。轴向系数是等效椭圆的长轴长度与短轴长度之比,它反映颗粒的伸长率。圆度是周长的平方与 4π 倍面积的比值,它反映颗粒接近圆形的程度。矩形度是聚集颗粒轮廓的面积与最小外接矩形的面积之比,它反映颗粒接近矩形的程度。球度是评价粗集料的三维形状特征的指标,它反映颗粒接近球形的程度。各特征参数具体公式如表 1.1 所示。

表 1.1　形状特征指标

指标	公式	参数含义	参考文献
二维形状指标(F_{2D})	$F_{2D}=\sum\limits_{\theta=0°}^{360°-\Delta\theta}\dfrac{\mid R_{\theta+\Delta\theta}-R_{\theta}\mid}{R_{\theta}}$	R_{θ}:集料在 θ 角方向的半径　$\Delta\theta$:角度增量,取 $4°$	[3]
圆度(R)	$R=\dfrac{l^2}{4\pi A}$	l:集料颗粒外周长　A:集料颗粒投影面积	[3],[10]
轴向系数(RN)	$RN=a/b$	a:等效椭圆的长轴　b:等效椭圆的短轴	[2]
矩形度(RD)	$RD=\dfrac{A}{A_{MER}}$	A:集料的剖面面积　A_{MER}:最小外接矩形面积	[10]
球度(S_P)	$S_P=\sqrt[3]{\dfrac{d_S d_I}{d_L^2}}$	d_S:集料的短轴长度　d_L:集料的长轴长度　d_I:集料的次轴长度	[3]
扁平度(F_R)	$F_R=\dfrac{d_S}{d_I}$	d_S:集料的短轴长度　d_I:集料的次轴长度	[3]
长细比(E_R)	$E_R=\dfrac{d_I}{d_L}$	d_I:集料的次轴长度　d_L:集料的长轴长度	[3]
针片度(F_V)或长宽比(FER)	$F_V=\dfrac{d_L}{d_S}$;$FER=\dfrac{d_L}{d_S}$	d_L:集料的长轴长度　d_S:集料的短轴长度	[3]

　　棱角指数表征集料的棱角锐度,反映集料形态的宏观尺度特征。集料的棱角有利于骨料之间嵌结互锁,并对改善热沥青混合物的高温稳定性起重要作用。确定棱角指数的方法包括外接圆法、外接多边形法、拟合椭圆法、拟合椭球法等,如图1.9 和表1.2 所示[2,4,10]。等效椭圆周长比是反映棱角特征的另一个常用指标。基于 AIMS 也可以得到棱角指数 I_{Am} 和 I_{Agm}。

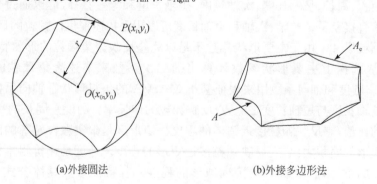

(a)外接圆法　　　　　　　　　　　　　　(b)外接多边形法

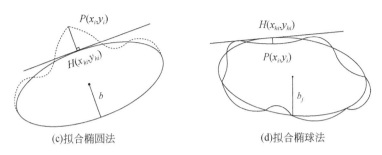

(c)拟合椭圆法   (d)拟合椭球法

图 1.9 计算棱角指数方法

表 1.2 棱角特征指标

指标	公式	参数含义	参考文献
等效椭圆周长比（REEP）	$REEP = L/L_2$	L：集料颗粒的周长 L_2：等效椭圆的周长	[2]
半径法计算棱角指数（I_{Am}）	$I_{Am} = \sum_{\theta=0^\circ}^{355^\circ} \frac{\lvert R_\theta - R_{EE\theta} \rvert}{R_{EE\theta}}$	R_θ：集料的棱角对应的轮廓半径 $R_{EE\theta}$：集料的棱角对应的等效椭圆半径，角度增量为 5°	[10]
梯度法计算棱角指数（I_{Agm}）	$I_{Agm} = \sum_{i=1}^{N-3} \lvert \theta_i - \theta_{i+3} \rvert$	θ_i：集料颗粒第 i 个轮廓边缘的梯度方向角 N：集料颗粒轮廓边缘个数	[10]
外接圆法计算棱角指数（AI_{ad}）	$AI_{ad} = \frac{1}{N} \sum_{i=kn/N}^{n} \frac{r - \sqrt{(x_i-x_0)^2+(y_i-y_0)^2}}{r}$ $(k=1,2,\cdots,N)$	r：外接圆的半径 n：外边界轮廓所有像素点的个数 N：采样点总数 $P(x_i,y_i)$：粗集料剖面上任意点的坐标 $O(x_0,y_0)$：粗集料剖面的中心点坐标	[4]
拟合椭圆法计算棱角指数（AI_{ad1}）	$AI_{ad1} = \frac{1}{N} \sum_{i=kn/N}^{n} \frac{\sqrt{(x_i-x_{hi})^2+(y_i-y_{hi})^2}}{b}$ $(k=1,2,\cdots,N)$	b：拟合椭圆的短半轴长度 n：外边界轮廓中像素点的个数 N：采样点总数 $P(x_i,y_i)$：粗集料剖面上任意点的坐标 $H(x_{hi},y_{hi})$：点 P 到椭圆边界的最短距离对应的垂足坐标	[4]

续表

指标	公式	参数含义	参考文献
拟合椭球法计算棱角指数（AI_{ad2}）	$AI_{ad2} = \dfrac{1}{k} \sum\limits_{j=1}^{k} \left(\dfrac{1}{n} \dfrac{\sqrt{(x_i - x_{hi})^2 + (y_i - y_{hi})^2}}{b_j} \right)$ $(i=1,2,\cdots,n;j=1,2,\cdots,k)$	b_j：第 j 个高度剖面的椭球短半轴长度 k：粗集料扫描的高度剖面个数 n：每个高度剖面的数据点个数 $P(x_i,y_i)$：粗集料剖面中任意一点的坐标 $H(x_{hi},y_{hi})$：点 P 到椭圆边界的最短距离对应的垂足坐标	[4]
外接多边形法计算棱角指数（AI_e）	$AI_e = \dfrac{A_e}{A}$	A_e：外多边形的面积 A：粗集料轮廓所围区域的面积	[4]
三维棱角指数（AI_f）	$AI_f = \dfrac{1}{n} \sum\limits_{i=1}^{n} \sqrt{\dfrac{(x_i-x_{ci})^2+(y_i-y_{ci})^2+(z_i-z_{ci})^2}{(x_{ci}-x_0)^2+(y_{ci}-y_0)^2+(z_{ci}-z_0)^2}}$	$P(x_i,y_i,z_i)$：粗集料三维点云数据中的任意坐标 $O(x_0,y_0,z_0)$：粗集料拟合椭球的球心坐标 $Q(x_{ci},y_{ci},z_{ci})$：直线 PO 与拟合椭球体的交点坐标 n：三维数据点总数	[4]

　　表面纹理描述集料表面的相对粗糙度或光滑度,反映集料在微观尺度上的形态特征。粗糙表面可增加粗集料表面上沥青膜的厚度,改善沥青混合物的高温稳定性、水稳定性、抗疲劳性及路面抗滑性能。常用的纹理形态特征指标如表 1.3 所示[2-4,10]。

表 1.3　纹理形态特征指标

指标	公式	参数含义	参考文献
分形维数（FD）	$FD = \log k / \log \lambda$	k：长度等于 λ 的元素个数 λ：线性放大倍数	[2]

续表

指标	公式	参数含义	参考文献
表面纹理(ST)	$\text{Texture} = \dfrac{A_1 - A_2}{A_1} \times 100\%$ $\text{ST} = (\text{Texture} \times \text{Area}_{\text{front}} + \text{Texture} \times \text{Area}_{\text{top}} + \text{Texture} \times \text{Area}_{\text{side}}) / (\text{Area}_{\text{front}} + \text{Area}_{\text{top}} + \text{Area}_{\text{side}})$	A_1:集料的二维轮廓区域面积 A_2:集料侵蚀膨胀后的二维剖面面积 $\text{Area}_{\text{front}}$, Area_{top}, $\text{Area}_{\text{side}}$:集料前面、顶面和侧面的投影面积	[4],[10]
纹理指数(TI)	$\text{TI} = \dfrac{1}{3N} \displaystyle\sum_{i=1}^{3} \sum_{j=1}^{N} (D_{ij}(x,y))^2$	N:一张图像中细节系数的总数量 i:纹理的第 i 张高精度图像 j:小波系数指数 D_{ij}:分解函数 (x,y):转换域中细节系数的坐标	[3],[10]

集料表面纹理影响沥青路面性能,因此需要寻找能够准确快速评价集料的纹理指标来进行保证沥青路面长期使用的设计。现有规范采用肉眼观察、手工测量和间接表征的方法判定集料的微观纹理,测量效率低且不能定量评价,属于经验法。近年来,随着数字图像处理技术的发展,出现了许多新的纹理分析方法。UI-AIA 使用侵蚀扩展方法[5]来表征集料颗粒的表面纹理。通过腐蚀操作去除集料表面图像边界处的像素,沿着具有相同像素灰度水平的集料图像的边界进行扩展,以损失面积的百分比定义纹理。AIMS 使用小波理论[3,4,10]分解不同区域的表面纹理。小波分析通过短高频基函数和长低频基函数分别捕获集料表面细节纹理信息与粗略纹理信息,将集料表面灰度图像转换分解为一张低精度图像和一组高精度图像,如图 1.10 所示。其中低精度图像能够继续被转换分解为下一层次的一张低精度图像和一组高精度图像,依次迭代转换。每转换分解一次均能够得到一组细节系数 LH、HL、HH。集料不同方向的表面纹理信息可以通过细节系数 LH、HL、HH 反映,其中,LH 反映集料表面灰度图像垂直方向的高频率信息,HL 反映图像水平方向的高频率信息,HH 反映集料表面对角线方向的高频率信息。以给定水平上回归系数平方的算术平均值定义纹理指数(TI),用于表征集料的表面纹理特征。

尽管存在许多用于纹理分析的方法,但是很难找到合适的通用方法。随着分辨

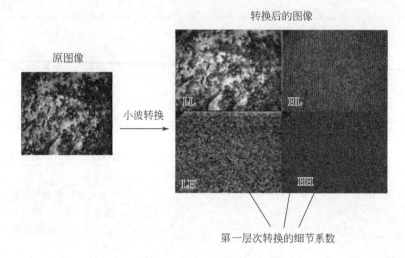

图 1.10　小波分析法

率的变化,许多方法都将纹理描述为对方向和噪声敏感的纹理。因此,对于特定的纹理图像,寻找一种综合的方法并充分利用各种方法的优点是近年来的研究趋势。

1.2.2　沥青混合料质量管控与评价

沥青混合料质量评价一般包括离析检测、级配检测和空隙检测,同时均结合数字图像处理技术来管控和评价。

1. 离析检测

路面离析主要为集料离析,细集料聚集而出现的离析是该部位沥青用量多导致的,在使用过程中会发生剪切破坏,出现车辙和拥包等病害。粗集料聚集而出现的离析是该部位沥青用量较少导致的,在使用过程中会发生抗拉破坏和疲劳破坏,同时该部位空隙率较大,稳定性差,容易形成坑槽。粗、细集料的不均匀分布称为级配离析。

沥青路面耐久性受沥青混合料摊铺质量的影响,离析程度是评价沥青路面摊铺质量的技术指标,因此需要检测离析程度。传统的离析检测方法可分为破坏性检测和非破坏性检测两类。破坏性检测有铺砂法和钻取岩心法,非破坏性检测有激光宏观纹理测量、无核密度计法和无损探地雷达法,各种检测方法的优缺点[6,7]如表 1.4 所示。其中,除视觉识别法外,其他几种方法只是间接反映路面的离析程度。

表 1.4 传统离析检测方法的优缺点

检测方法	优点	缺点
视觉识别法	较好地识别较大粒径集料和较粗级配混合料的离析	主观性强、较小粒径集料和较细级配混合料的离析识别困难
铺砂法	准确评价路面离析程度	试验量大、耗时费力、路面检测范围小
钻取岩心法	易操作、低成本	沥青路面受到损害、集料级配破坏
激光宏观纹理测量	检测结果精度高	成本高
无核密度计法	沥青路面破坏性小	一次性测量的点数有限
无损探地雷达法	沥青地面破坏性小	精度受路面湿度影响

上述方法存在一定的局限性,数字图像处理技术在沥青路面离析检测中逐渐发展。数字图像处理技术主要包括图像采集、图像处理和图像分析三个部分。数字图像处理技术的主要成本为外置摄像头,智能手机摄像头均能符合精度要求。数字图像处理的影响因素有光照和阴影,但这些因素较湿度更易控制。

关于沥青路面离析程度的常用评价方法很多,如灰度均值法、灰度矩阵拟合三维曲面法和分形维数法,但都存在准确度较低的问题。采用粗集料面积比和宏观构造深度进行线性回归,得到相关系数为 0.7990[7],可较为准确地评价沥青路面的离析程度。由图像信息计算的宏观构造宽度[16]随混合料离析程度的增加呈递增趋势,存在明显的规律性,能较好地表征不同离析程度路面的纹理构造特征,适用于评价沥青路面的离析情况。路面离析图像处理过程如图 1.11 所示。

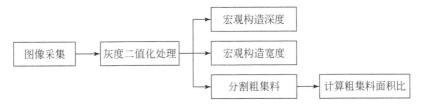

图 1.11 路面离析图像处理过程

数字图像处理技术的应用分为离析发生后检测和施工过程中的检测与评价。离析发生后的检测是通过定义宏观构造宽度[17]和集料静态距离差[18]等相关指标来判断离析程度,通过图像分析沥青混合料中的集料颗粒分布情况,以便利用路面平面图像回溯沥青混凝土的级配[19,20],结合统计学对集料的分布进行频率统计和距离统计,利用灰度分布的逆均值(inverse mean of the distribution of gray levels)[21]和灰度频率直方图标准差研究路面离析程度。这些方法是在离析发生后用于沥青路面病害的检测和检修,但离析形成是在施工过程中。沥青混合料摊铺时,集料的相互位置已大致确定。压实过程改变了集料的空隙率和位置,但不影响集料的相互位置。施工过程中的检测与评价包括摊铺时沥青混合料图像(images of the paved mixture,IPM)和压实路面图像(images of compacted pavement,ICP)[16],图像采集示意图如图 1.12 所示。通过对离析状态进行分类,可为沥青路面施工精细化管理的离析性评价提供新的方法。施工过程中可以控制压实和摊铺过程之间的时间,减少离析情况的发生。

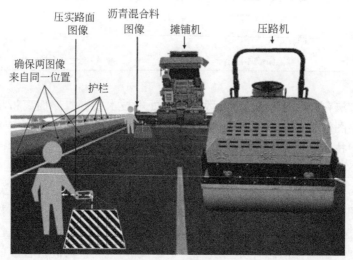

图 1.12　图像采集示意图

2.级配检测

沥青混合料中矿料级配对其性能有很大影响。沥青混合料中级配对提升其抗车辙能力的贡献达 80%左右,沥青的贡献仅占 20%左右。路面上运动的车辆产生的应力主要通过接触传递,对于开级配和间断级配的沥青混合料,级配对于提升其路用性能起到至关重要的作用。

现有的级配检测方法有抽提筛分法和燃烧筛分法,这些方法存在一定的局限性,如操作复杂、花费时间长、所获得的数据精度不高、受到操作者的影响等。随着计算机的发展,数字图像处理技术渐趋成熟,基于数字图像处理的沥青混合料的细观研究也越来越受到重视。应用于级配检测的数字图像处理技术是采集沥青混合料试件图像,对图像进行处理和分析,如图 1.13 所示。对比度拉伸和中值滤波等运算可以消除图像在采集过程中的瑕疵,以利于后续对图像进行处理,得到各集料颗粒的特征参数[22-24]。通过对不同粒径的集料[25]进行数据分析汇总和修正,可以得到与设计级配接近的矿料级配。这种方法是对沥青切片图像进行分析,以自动提取集料级配,而不需要将沥青从集料中分离出来。通过对路面岩心切片数字图像的不同分割方法的协同使用,可以获得可靠的混合料矿物骨架级配。由于图像处理技术的应用,不需要配备专门的实验室来重新配制矿料级配以验证路面的病害产生情况,同时保证了混合料制备、摊铺和压实等一系列步骤的一致性,减小误差产生。基于数字图像处理技术还诞生了一种新的沥青混合料离散元几何建模方法[26],其使用特征聚类方法将沥青混合料切片图像中的集料与沥青分离,以更好地进行级配重建。此外,还可以将数字图像处理技术和分形理论[27]相结合,分析沥青混合料中集料的分布状态,将沥青和集料分离,进行级配检测。

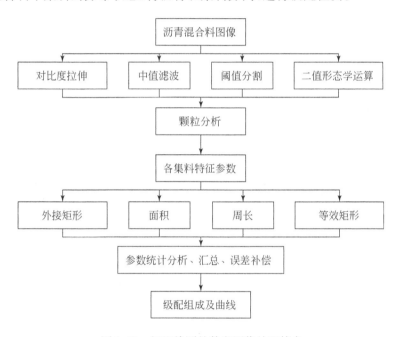

图 1.13 级配检测的数字图像处理技术

3. 空隙检测

沥青混合料主要是由集料和沥青胶浆混合后碾压成型,集料之间的嵌挤作用形成了多孔沥青混合料的空隙结构。关于空隙结构的研究多集中于空隙率这个宏观参数,可以结合数字图像技术更好地表征空隙率这一参数。

沥青混合料内部空隙呈不均匀分布状态,数字图像技术可以用于检测沥青混合料的空隙特征。一些学者[28-30]基于 CT 技术研究了空隙的竖向分布特性和压实过程中空隙的变化,结果表明,空隙特征图像可以定性描述多孔沥青混合料内部结构的特性,而且在压实过程中较大的空隙随机分散成较小的空隙。另外,一些学者运用数字图像处理技术计算得到相关空隙特征参数并分析了不同沥青混合料细观空隙分布特征,研究了空隙率、级配、最大公称粒径等因素对细观空隙特征的影响,并分别用空隙分形维数、颗粒面积比进行定量描述,以此从宏观与细观两个层面分析混合料的压实特性。通过数字图像的方法,不仅扩充了对空隙特征的描述,还对沥青混合料的空隙控制有促进作用。

　　沥青混合料空隙率对其路用性能的影响非常大。最大公称粒径大且沥青用量少的沥青混合料,其稳定度以及动稳定度好于最大公称粒径小、粗集料用量较少且沥青用量较多的沥青混合料。空隙少的沥青混合料低温性能好,有更好的延展性。有较多连通空隙的沥青混合料路面,降雨易渗入至面层内部对整个沥青面层进行冲刷,其水稳定性差。细集料用量多的沥青混合料力学性能主要来源于众多粗集料间的嵌挤作用;细集料用量多的沥青混合料抗水损害能力明显更强,细集料堵塞空隙程度越小越容易遭受水损害。众多学者[31-39]对路用性能的研究多采用 CT 和图像处理结合的技术。肖鑫等通过数字图像技术获取弯曲度等指标用来评判渗水性能。蒋玮等分析了空隙与飞散损失、动稳定度之间的相关关系,认为细观空隙对宏观性能有影响。Arambula 等基于 CT 技术评估空隙率空间分布与水稳定性的关系。裴建中等将分形理论与 CT 技术相结合进行研究,发现当沥青混合料空隙率增大时,其劈裂抗拉强度减小。沥青混合料车辙试验作为现行规范试验,其试件的空隙分布对抗车辙性能评价有较大影响,空隙率的变化也在一定程度上反映了车辙变形的情况。通过数字图像技术能无损且客观地对路用性能做出评价,很大程度上推动了道路的发展。

　　对混合料空隙率的检测多结合 MATLAB 数字图像处理技术对获取的图像进行处理分析,采用大津法全局阈值对图像进行分割,阈值 T 将图像分成两部分,处理后的图像只有黑白两色。阈值分割的原理如式(1-1)所示:

$$F(x,y)=\begin{cases}1, & f(x,y)\geqslant T\\0, & f(x,y)<T\end{cases} \tag{1-1}$$

式中,$F(x,y)$ 为分割后的图像;$f(x,y)$ 为分割前的图像;T 为阈值。

　　利用大津法进行图像分割,阈值 T 将图像分为前景和背景两个部分,当类间方差最大时,前景和背景差别最大,此时错分概率最小,生成图像的效果最好,原理如式(1-2)所示:

$$\begin{cases}\mu=\omega_1\mu_1+\omega_2\mu_2\\g(t)=\omega_1(\mu-\mu_1)^2+\omega_2(\mu-\mu_2)^2\end{cases} \tag{1-2}$$

式中,μ 为图像总平均灰度;ω_1 为前景所占比例;μ_1 为前景平均灰度;ω_2 为背景所占比例;μ_2 为背景平均灰度;$g(t)$ 为类间方差。

1.2.3　沥青混合料力学性能仿真分析

　　车辙是评价沥青路面高温性能的重要指标。车辙或永久变形是路面重复荷载带来的剪应力和剪应变所导致的道路纵断面的下沉。影响路面高温性能的因素有许多,分为外部因素和内部因素,研究路面的高温性能尤为重要。众多研究人员基于数字图像处理技术、有限元方法和离散元方法来构建基于真实细观尺度分布的沥青混合料三维虚拟试样,进行虚拟的相关试验,克服了传统基于均质体模型进行数值模拟的缺陷,实现了沥青混合料相关试验的初步仿真。单轴蠕变试验是分析沥青混合料变形特性最简单、最实用的方法之一。蠕变试验需要室内成型试件,并对试件进行较为复杂烦琐的测试,试验费时费力,因此,许多学者采用有限元或离散元等方法对单轴蠕变试验进行精度数值模拟,通过结合数字图像,采用离散元法(discrete element method,DEM)建立沥青路面结构的模型,对路面结构层材料进行室内试验和单轴压缩试验 DEM 模拟,很大程度上减少了试验工作量。

沥青路面的疲劳破坏是沥青及其混合料长期处于应力-应变循环交叠变化的荷载状态下而产生的复杂破坏,它严重损害了路面的平整性和耐久性。沥青混合料的水稳定性也是沥青混合料路用性能的重要指标。影响路面水稳定性的主要因素包括集料级配情况、沥青与集料的黏附性、路面压实度等。研究人员基于离散元法运用数字图像处理技术对表征沥青混合料疲劳性能做出评价。

通过数值模拟进行结构分析,可建立混合料的几何模型及相应数值模型,进而进行数值仿真。数值模拟流程如图 1.14 所示。

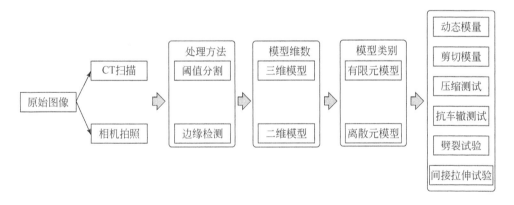

图 1.14　数值模拟流程图

1.2.4　沥青路面检测

沥青路面检测过程主要有三个步骤,分别实现路面图像采集、路面图像处理和分析及路面模型重构的功能[40]。

1)路面图像采集

路面图像一般通过路面图像采集装置或路面图像采集车采集。由线阵相机拍摄得到图像,采用线阵激光照明设备提高拍摄质量,并设定一定的偏转角,这样能解决路面中间及纹理较小的区域易产生光饱和与反光现象的问题[41]。

2)路面图像处理和分析

在路面图像采集过程中,路面状况的复杂情况会使图像质量下降,图像效果较差,为计算机分析带来较大的困难。图像处理可以提高图像质量,而且图像处理的结果直接影响后续对图像中裂缝的提取与识别,因此图像处理过程是该系统中的关键。图像增强以消除图像噪声,图像分割以提取图像特征,图像边缘检测以找到图像中亮度变化剧烈的像素点,这些像素点即为所需的图像轮廓,通过这些操作使得计算机系统在图像分析时可以获取更为准确的信息。将路面图像进行阈值分割等处理以消除噪声,然后进行细化,得到对应于路面轮廓的数字图像平面曲线[42]。

图像预处理:将所得到的图像中的目标类信息进行相关处理,将无用的信息进行消除或抑制,得到的目标图像要更适于图像分析。针对不同特点的图像使用不同的算法对图像进行滤波去噪,而滤波又分为基于频域的频率滤波和基于空间模板的空间域滤波[43]。

图像分割与边缘检测:经过图像增强会出现很多梯度值比较大的像素点,但这些点并不是所需点,图像增强后图像中可能仍会存在孤立点,孤立点会对图像分割效果产生影响。图像分割是关键的过程,若分割不当则不能对图像目标特征进行识别与检测,图像的边缘信息就不能被检测出来,从而影响对图像的计算[44]。

图像特征提取:经过图像处理,原始裂缝图像变为裂缝清晰的二值图像,但处理结果并不完善,仍存在一些细小的孤立点和毛刺等,需对其进行去除,因此采用形态学上的膨胀与腐蚀或开闭运算来解决[45,46]。

区域识别与计算:对提取的特征进行分析、识别和计算,得到目标结果。

3)路面模型重构

路面图像的分析结果为计算机在平面上的坐标值,经转换后得到路面轮廓上各点的世界坐标值。由转换后的坐标数据可以求得各项路面性能指标,将它们以帧为单位沿路面纵向顺序排列,得到路面轮廓的断层数据集以便进行路面三维模型的重构。通过数字图像处理技术可以对路面破损、路面构造深度、车辙、平整度等多项路面指标进行检测。

路面裂缝破损是路面病害中最常见的一种。路面出现裂缝的原因有很多种,路面类型、路面所处地质情况、气候条件和路面车流量等因素均会导致路面出现破损。路面裂缝破损分为横向裂缝、纵向裂缝、网状裂缝和块状裂缝,裂缝不及时处理还会引起龟裂等一系列路面破损。数字图像检测是近年来流行的路面破损无损检测方法。自 20 世纪 70 年代第一台路面快速检测系统诞生以来,国内外有关学者和研究人员就致力于路面裂缝图像自动识别算法的研究。相关研究人员不断地将数字图像处理领域的新技术应用于路面裂缝的图像增强、目标分割与分类评估等各个环节。

数字图像检测路面构造深度法是通过拍摄路面图像进行数字分析,计算路面的构造深度。激光断面检测法是通过激光位移传感器高速测量路面的构造深度,这种方法具有操作简单、数据结果可靠等优点[47,48]。基于数字图像处理技术的检测方法快速发展,宁斌权提出了基于二维图形的三维构造模型理论[49]。Cigada 等提出了利用双目相机在车辆运行中实时检测沥青路面的纹理特征[50]。国内学者基于多线激光和双目视觉技术提出了一种沥青路面平均纹理深度测量方法,结合剖面法和数字图像技术,建立了基于三角测量原理的三维数学模型,实现了沥青面层剖面的三维重建。采用图像处理技术可以精确地定位模型中各点的坐标,通过模型与得到的空间方程求出沥青路面平均剖面深度,根据剖面法,建立纹理深度综合计算过程。这种测量方法满足了现场和实验室中沥青路面构造深度的测量要求[51]。另外,还有学者结合部分数字图像技术和激光视觉技术,提出了一种基于激光视觉的路面构造深度测量方法,基于三角测量原理,建立了激光视觉三维数学模型来计算平均纹理深度。这种方法克服了平均纹理深度测量方法的缺点,操作简单,成本适中,其测量结果具有较高的分辨率和精度[52]。可见,构造深度检测已发展到利用激光和数字图像处理技术进行非接触、自动化检测,精度高与通用性强是路面构造深度检测的发展方向。

近年来,随着数字图像处理技术的快速发展,图像检测设备也朝着更自动化、更智能化、更便于使用的方向不断发展。出现了很多与无人机、雷达、红外遥感等技术结合的设备,路面图像检测设备通过一系列分析处理更容易得到相关路面指标并对路面做出评价。

1.3 数字图像处理技术应用优势与未来趋势

在集料特征测量方面,需要提出一种更全面、更准确的三维视觉识别方法来表征聚集体的形态特征。另外,必须提出更为客观有效的粗集料颗粒形态评价指标,建立一套基于沥青混合料性能的集料形态评价体系,准确全面地测量集料的形态特征,来评估集料的力学性能和物理性能,为研究沥青混合料的性能打好基础。

集料的综合形态特征主要包括形状、棱角和表面纹理三个层次。对于每个层次,都有大量的评估指标,但是有重复或不完整的表征。许多评估指标是基于聚集颗粒的二维图像,并且颗粒的形态描述不完整。另外,评价指标不是基于沥青混合料的路用性能。而控制集料的形态特征的目的是改善沥青混合料的性能,因此应基于混合料的路用性能来提出集料形态。研究表明,近似立方、多边形和粗糙表面的聚集体可以显著改善沥青混合料的疲劳性能、高温稳定性和水稳定性。因此,建议使用三维形状指数球度或形状因数来描述集料形状的复杂性,并建议使用长宽比来控制扁平集料和细长集料的含量。有必要根据集料的三维形态提出更准确的评价指标,并应结合不同方法的优点提出一种综合评价方法作为纹理描述的依据。

应用数字图像处理技术进行沥青混合料的内部组成结构分析是实现快速、准确、客观评价材料特性和微观组成结构的有效方法。CT技术可以在无损的状态下得到试件的内部组成结构特征。由于该技术对于物质密度的变化较为敏感,可以识别密度差别小于1%的不同物质。将这一技术应用于沥青混合料中可以识别出沥青混合料中集料、胶浆以及空隙。现有的研究成果采用不同的技术路线,对沥青混合料的组成、集料与胶浆分布、空隙分布以及破坏行为进行监控和研究。但是,该技术仍然需要改进,一方面需要进一步提高在图像处理、分割方面的精度;另一方面需要建立有效的微观结构指标体系来补充现有宏观指标体系的不足,为沥青混合料的材料设计提供依据。

一般情况下,基于图像的模型能够捕捉到每一阶段的详细几何信息,但其成本高、耗时长,且模型的精度高度依赖于图像处理技术。与基于图像的模型相比,计算机生成的模型成本更低,也更容易实现,其主要考虑的是聚合模型形状的准确性,由此,未来的研究主要包括以下几方面。

图像处理方面,在现有的数字图像处理技术基础上研究高精度的设备,提高图像的质量或者研究图像处理分析的新程序,加快数字图像处理的速度;改进X射线CT技术的精度及适用范围;研究实时地利用CT捕捉试件动态破坏过程的方法。现有的图像处理都是基于二值图,充分利用色彩图像信息可以减少图像转化过程中的数据损失,需要建立有效的集料、沥青胶浆和空隙的三值区分方法。

数值模拟方面,有限元法和离散元法在模拟沥青混合料细观结构方面都存在缺陷,同时集料之间的接触以及集料与胶浆的接触问题也需要进一步解决,利用MATLAB进行自编程序能较精细地重构三维结构,但是不能进行后续的模拟力学试验,因此需要考虑结合多种方法实现有效的数值模拟。

道路检测方面,路面检测技术、设备及系统应朝着更高精度、更快速高效、更容易操作的方向发展。路面损坏检测越来越多地依靠载体(检测车、无人机等),未来需更好地解决载体带来的问题:载体速度越快,对噪声的处理就越难;载体运行可能会产生振动等一系列问题,影响数据的真实性;需要快速处理数据。另外,降低外部因素(光照、天气、车辆等)对图像质量的影响也是需要提高的技术;针对同一指标综合多种图像技术进行检测也是进一步发展的方向。检测系统需要大量的数据进行学习、训练,以更准确地识别病害,检测系统的成本问题是限制其发展的因素。将路面检测与自动驾驶汽车相结合也是一大热点,路面检测的数据能很好地提高驾驶安全性,自动驾驶汽车也是检测系统很好的载体。

参 考 文 献

[1] Lanaro F,Tolppanen P. 3D characterization of coarse aggregates[J]. Engineering Geology, 2002,65(1):17-30.

[2] Xie X G,Lu G Y,Liu P F,et al. Evaluation of morphological characteristics of fine aggregate in asphalt pavement[J]. Construction and Building Materials,2017,139:1-8.

[3] 陈甲康,高俊锋,汪海年,等. 集料图像测量系统(AIMS Ⅱ)的评价指标研究与合理性验证[J]. 筑路机械与施工机械化,2019,36(9):100-105.

[4] Zhu H J,Fang H Y,Cai Y Y,et al. Development of a rapid measurement system for coarse aggregate morphological parameters[J]. Particuology,2020,50:181-188.

[5] Masad E,Button J W. Unified imaging approach for measuring aggregate angularity and texture[J]. Computer-Aided Civil and Infrastructure Engineering,2000,15(4):273-280.

[6] Cong L,Shi J C,Wang T J,et al. A method to evaluate the segregation of compacted asphalt pavement by processing the images of paved asphalt mixture[J]. Construction and Building Materials,2019,224:622-629.

[7] 武文斌,金成,贾小龙,等. 基于 AC-20C 沥青路面离析程度的数字图像分析研究[J]. 公路, 2019,64(10):63-67.

[8] 张争奇,徐耀辉,胡红松,等. 沥青路面离析的数字图像评价方法[J]. 湖南大学学报(自然科学版),2016,43(9):129-135.

[9] Cui P D,Xiao Y,Yan B X,et al. Morphological characteristics of aggregates and their influence on the performance of asphalt mixture[J]. Construction and Building Materials, 2018,186:303-312.

[10] Zhang S S,Li R,Pei J Z. Evaluation methods and indexes of morphological characteristics of coarse aggregates for road materials: A comprehensive review[J]. Journal of Traffic and Transportation Engineering,2019,6(3):256-272.

[11] Pei J Z,Bi Y Q,Zhang J P,et al. Impacts of aggregate geometrical features on the rheological properties of asphalt mixtures during compaction and service stage[J]. Construction and Building Materials,2016,126:165-171.

[12] Liu Y,Gong F Y,You Z P,et al. Aggregate morphological characterization with 3D optical scanner versus X-ray computed tomography[J]. Journal of Materials in Civil Engineering, 2017,30(1):04017248.

[13] Wu J F,Wang L B,Hou Y,et al. A digital image analysis of gravel aggregate using CT scanning technique[J]. International Journal of Pavement Research and Technology,2018, 11(2):160-167.

[14] Anochie-Boateng J K,Komba J J,Mvelase G M. Three-dimensional laser scanning technique to quantify aggregate and ballast shape properties[J]. Construction and Building Materials, 2013,43:389-398.

[15] Hayakawa Y,Oguchi T. Evaluation of gravel sphericity and roundness based on surface-area measurement with a laser scanner[J]. Computers and Geosciences,2005,31(6):735-741.

[16] Kim H,Haas C T,Rauch A F,et al. 3D image segmentation of aggregates from laser profiling[J]. Computer-Aided Civil and Infrastructure Engineering,2003,18(4):254-263.

[17] 黄志福,赵毅,梁乃兴,等. 基于数字图像处理技术的沥青混合料摊铺均匀性实时监测评价方法[J]. 公路交通科技,2017,34(4):8-15,79.

[18] Zhang K,Zhang Z Q,Luo Y F,et al. Accurate detection and evaluation method for aggregate distribution uniformity of asphalt pavement[J]. Construction and Building Materials,2017,152:715-730.

[19] Guo Q L,Bian Y S,Li L L,et al. Stereological estimation of aggregate gradation using digital image of asphalt mixture[J]. Construction and Building Materials,2015,94:458-466.

[20] Leonardo B,Giuseppe P,Clara C. Image analysis for detecting aggregate gradation in asphalt mixture from planar images[J]. Construction and Building Materials,2011,28(1):21-30.

[21] Caterina V,Rishi G. Determining surface infiltration rate of permeable pavements with digital imaging[J]. Water,2018,10(2):133.

[22] 沙爱民,王超凡,孙朝云. 一种基于图像,沥青混合料矿料级配检测方法[J]. 长安大学学报(自然科学版),2010,30(5):1-5.

[23] Leonardo B,Giuseppe P,Clara C. Image analysis for detecting aggregate gradation in asphalt mixture from planar images[J]. Construction and Building Materials,2011,28(1):21-30.

[24] 王超凡. 基于数字图像的沥青混合料级配检测技术研究[D]. 西安:长安大学,2007.

[25] 程永春,马健生,颜廷野,等. 基于数字图像处理技术的沥青混合料级配检测方法[J]. 科学技术与工程,2017,17(32):332-338.

[26] 周基,田琼,芮勇勤,等. 基于数字图像的沥青混合料离散元几何建模方法[J]. 土木建筑与环境工程,2012,34(1):136-140.

[27] 彭勇,孙立军. 基于分形理论沥青混合料均匀性评价方法[J]. 哈尔滨工业大学学报,2007,4(10):1656-1659.

[28] Hassan N A,Airey G D,Yusoff N I,et al. Microstructural characterisation of dry mixed rubberised asphalt mixtures[J]. Construction and Building Materials,2015,82:173-183.

[29] 基敏雪,王宏畅. 基于数字图像处理技术的多孔沥青混合料细观空隙特征规律[J]. 中外公路,2018,38(5):257-261.

[30] 于江,李林萍,张帆,等. 温拌沥青混合料压实特性的宏细观分析[J]. 重庆交通大学学报(自然科学版),2017,36(3):36-41,51.

[31] 肖鑫,张肖宁. 基于工业 CT 的排水沥青混合料连通空隙特征研究[J]. 中国公路学报,2016,29(8):22-28.

[32] 蒋玮,沙爱民,肖晶晶,等. 多孔沥青混合料的细观空隙特征与影响规律[J]. 同济大学学报(自然科学版),2015,43(1):67-74.

[33] 吴浩,张久鹏,王秉纲. 多孔沥青混合料空隙特征与路用性能关系[J]. 交通运输工程学报,2010,10(1):1-5.

[34] Arambula E,Masad E,Martin A E. Influence of air void distribution on the moisture suscep-tibility of asphalt mixes[J]. Journal of Materials in Civil Engineering,2007,19(8):655-664.

[35] 谭忆秋,任俊达,纪伦,等. 基于 X-ray CT 的沥青混合料空隙测试精度影响因素分析[J]. 哈尔滨工业大学学报,2014,46(6):65-71.

[36] 裴建中,王富玉,张嘉林. 基于 X-CT 技术的多孔排水沥青混合料空隙竖向分布特性[J]. 吉林大学学报(工学版),2009,39(S2):215-219.

[37] 卢恺,王劲松,陈振富,等. 基于 CT 数字图像处理的沥青混合料车辙试件空隙特征测定[J]. 公路工程,2017,42(6):59-63.

[38] 王江洋,钱振东,王亚奇. 细观尺度下大孔隙环氧沥青混合料损伤演化分析[J]. 北京工业大学学报,2013,39(8):1223-1229.

[39] Guo Q L,Li G Y,Gao Y,et al. Experimental investigation on bonding property of asphalt-aggregate interface under the actions of salt immersion and freeze-thaw cycles[J]. Construction and Building Materials,2019,206(5):590-599.

[40] 王明辉. 沥青路面检测中的图像处理技术研究[D]. 武汉:武汉理工大学,2006.

[41] 常成利,梅家华,巩建. 路面图像采集装置和路面图像采集车[P]:中国,CN105421201B,2019-01-11.

[42] Sonka M,Hlavac V,Boyle R. Image Processing,Analysis and Machine Vision[M]. London:Thomson,2008.

[43] 李墨涵. 基于图像分析的路面检测系统的设计与实现[D]. 沈阳:辽宁大学,2018.

[44] Felzenszwalb P F,Huttenlocher D P. Efficient graph-based image segmentation[J]. International Journal of Computer Vision,2004,59(2):167-181.

[45] 那立阳. 基于 Android 的路面破损检测软件设计与实现[D]. 齐齐哈尔:齐齐哈尔大学,2016.

[46] Guo Y F,Cao X C,Zhang W,et al. Fake colorized image detection[J]. IEEE Transactions on Information Forensics and Security,2018,13(8):1932-1944.

[47] 刘琬辰,黄晓明. 基于图像处理的沥青路面构造深度评价方法的优化研究[J]. 北方交通,2013,(3):9-13.

[48] 王景彬. 高速公路沥青路面检测方法及注意事项探究[J]. 建筑知识,2017,(10):153-154.

[49] 宁斌权. 基于数字图像技术的沥青路面构造深度的评价方法[J]. 四川水泥,2017,(7):65,143.

[50] Cigada A,Mancosu F,Manzoni S,et al. Laser-triangulation device for in-line measurement of road texture atmedium and high speed[J]. Mechanical Systems and Signal Processing,2010,24(7):2225-2234.

[51] Cui X Z,Zhou X L,Lou J J,et al. Measurement method of asphalt pavement mean texture depth based on multi-line laser and binocular vision[J]. International Journal of Pavement Engineering,2015,18(5):459-471.

[52] 周兴林,蒋难得,肖旺新,等. 基于激光视觉的沥青路面构造深度测量方法[J]. 中国公路学报,2014,27(3):11-16.

第 2 章　沥青混凝土数字图像的采集与处理

2.1　沥青混凝土图像采集方式

2.1.1　数字摄像

　　沥青混合料的切片一般采用金刚石切割机切割获取。需要注意的是,由于沥青混合料是一种典型的黏弹性材料,混合料的黏结强度会随着温度改变而变化。在常温切割时由于沥青混合料黏结强度较小,混合料中的部分集料颗粒在高速旋转的金刚石锯片作用下,直接从试件脱离,难以保证切片的加工质量,从而很难得到高质量的混合料切片。因此,在进行切割之前首先将试件置于低温环境中保温 24h,然后取出试件进行切割,整个切割过程在很短的时间内完成,待试件温度恢复到室温后,对试件切片表面进行清洗,清洗后的试件在室温下风干,之后即可进行图像采集。当然,也可采用更优良的切割设备,从而获得质量更高的切片图像。

　　进行数字图像采集时,不同点的光照强度是不同的,光照强度的不同会造成所采集的照片失真,图像对比度和清晰度下降,图像所显示的信息受损。因此,在进行混合料切片图像采集时应该尽量保持光照强度一致。在本章的研究中,为了降低光照强度不同对切片图像的影响,在试件两侧添加人工光源,然后进行图像采集。图像采集如图 2.1 所示。

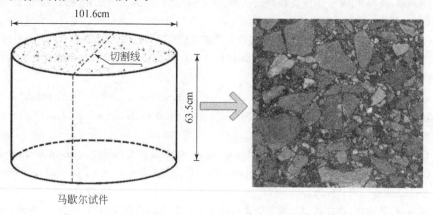

图 2.1　图像采集示意图

2.1.2 CT 技术

CT 技术是射线技术与计算机技术结合的产物。当 X 射线穿透物质时,其辐射强度呈指数型衰减并且衰减率仅与物质密度相关。因此,可以建立物质密度和射线吸收率(CT 数)的换算关系并转化为对应像素的灰度值,从而得到物体的三维数字信息,最后借助三维可视化技术得到物体的三维重构图像。

CT 机主要由 X 射线发射源和若干数量的控制器构成。X 射线发射器对需要扫描的层面发射 X 射线进行扫描,在 X 射线穿透被扫描物质的过程中,由于被扫描物质密度不同而产生不同程度的吸收和衰减,X 射线通过被扫描物质后被 CT 机另一端的 X 射线接收器接收。X 射线接收器将收集的 X 射线信号转换为电信号,电信号又经过模/数转换器转换成为数字信号,从而得到被扫描试件的数字图像,存储在计算机的硬盘或磁盘中。图 2.2 为 CT 技术工作原理图。

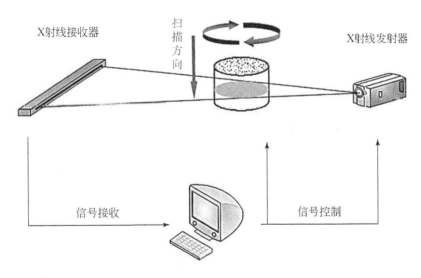

图 2.2 CT 技术工作原理图

采用荷兰飞利浦公司生产的螺旋 16 层 CT 机(Philips MX16 Slice)对沥青混合料马歇尔试件进行断层扫描。CT 技术是在旋转过程中对试件某个层面进行扫描,得到的图像是该层面的物质的"投影"。因此,为了更精确地得到沥青混合料试件的断面图,应尽量减少扫描厚度。采用的扫描厚度为 1.5mm,一般每个试件扫描 42 层。为了得到高分辨率的断面图像,测试过程中尽量提高 X 射线辐射剂量,CT 机管电压 $U=140\text{kV}$,管电流 $I=257\text{mA}$,比正常人体头部扫描剂量分别提高 17% 和 157%。在扫描过程中,利用红外线定位方法使各个试件保持平行,并垂直于前进方向。由于试件是非活动体,扫描采用平扫法,试验温度为20℃。为了避免设备电压不稳定导致射线透射强度不足的问题,每组试件进行3次扫描。CT扫描试件示意图如图2.3所示,现场扫描及测试过程如图2.4所示。

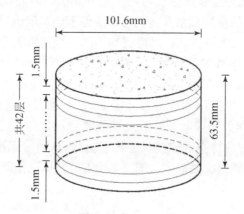

图2.3　CT扫描试件

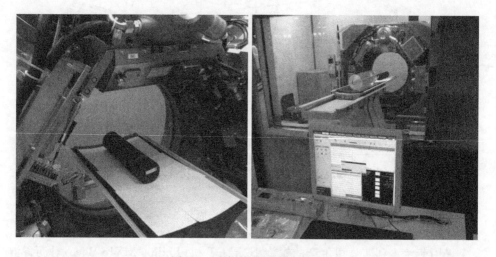

图2.4　现场扫描及测试过程

　　利用飞利浦公司配套的图像信息预处理软件(CD Viewer App,CVA)对沥青混合料断面图像的灰度、像素、平面位置进行批量预处理,使各张图像数字信息指标保持一致。图像处理界面如图2.5所示。

　　对AC-16级配和OGFC-16级配沥青混合料试件进行图像采集,如图2.6所示。

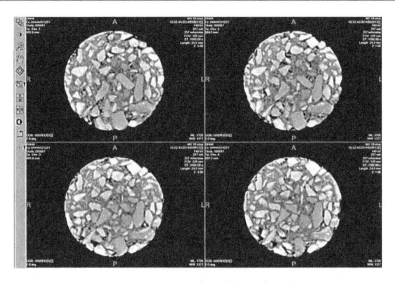

图 2.5　CVA 批量处理界面

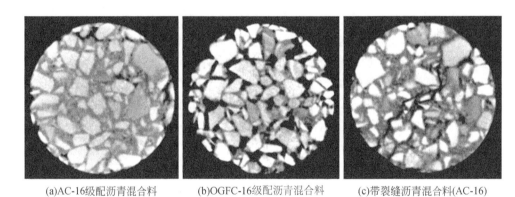

(a)AC-16级配沥青混合料　　　(b)OGFC-16级配沥青混合料　　　(c)带裂缝沥青混合料(AC-16)

图 2.6　不同级配沥青混合料 CT 扫描结果

从图 2.6 中可以看到,由于集料的密度最大,所以其亮度最高,在图像中呈白色或者灰白色;沥青胶浆次之,在图像中呈现为深灰色或者灰色;空气的密度最低,所以空隙在图像中呈现的颜色为黑色。

采用 CCD 数码相机对切片进行图像采集的优势在于,对硬件设备的要求较低,方便实现,所获得的图像有较高的分辨率。但该方法有很多不足:当需要获取较多的截面时,人工切割无法精确地控制切割质量以及切割间距的大小;所采集的图像容易受到光照强度和光照均匀性的影响,容易发生图像失真;得到的图像集料间灰度相差较大,无法精确地对集料进行统一的归类;沥青胶浆和空隙之间灰度较为接近,分辨难度较大;切割过程对沥青混合料试件造成了破坏,无法对获得图像的试件进行后续试验。

CT 技术通过 X 射线获取试件内部连续断层图像,反映扫描试件真实的三维空间结构信息。X 射线有很强的穿透力,通过使该技术获取的数字图像更加真实、准确,图像重构的精度较高。CT 技术同时具备定量、无损及实时检测等特殊优势,广泛应用于各类工业材料的测试与研究,有极强的发展潜力和应用前景。

2.2　沥青混凝土数字图像处理技术

2.2.1　沥青混凝土数字图像特点

沥青混合料中集料、沥青胶结料和空隙分别具有不同的灰度,这样就为区分混合料各组成部分提供了可行性。空隙和沥青胶浆都近于黑色,空隙呈现黑色而沥青胶结料呈现灰黑色。其中混合料中空隙是随机分布的,空隙的面积比例随着级配的不同而不同。对于密级配混合料,空隙比例较小,因此在进行粗细集料和沥青胶浆的分割时,将其与沥青胶浆一起作为背景处理。但是,不同产地的粗细集料材质会有不同的颜色和灰度,灰度呈现不均匀和不连续变化,使得图像处理分割的过程极其复杂。因此,需要结合沥青混合料集料的特征对混合料图像进行分割处理。

CCD 数码相机采集的混合料图像是彩色图像,须对彩色图像进行预处理转为灰度图像,然后进行后续操作处理。为了明确数字图像像素灰度的分布比例,对整幅图像的灰度值进行统计,得到各个灰度级别的像素总个数,也就是通常所讲的灰度直方图。典型的沥青混合料数字图像及灰度分布如图 2.7 所示。

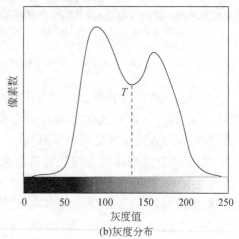

(a)典型的沥青混合料数字图像　　　　　　(b)灰度分布

图 2.7　混合料数字图像灰度分布

由图 2.7 可以看出,沥青混合料灰度分布具有明显的双峰特征,混合料中的集料具有较高的灰度级别,在灰度图像中呈现灰白色,沥青胶浆和空隙呈现灰黑色,而且集料像素个数明显大于沥青胶浆和空隙的像素个数,因此可以确定一个分割灰度值,以此灰度值为界限对图像分割得到集料部分和胶浆部分,其中胶浆部分包含空隙部分。

2.2.2　图像去噪方法

图像在采集和传输过程中受到外界因素的影响,会在图像上产生相应的噪声,影响图像质量,因此需要对受到噪声影响的图像进行去噪处理。去噪处理是图像处理中的重点和难点之一,既有效地滤出图像中的噪声又保持图像边缘和细部特征的清晰是图像去噪的基本原则。矿质集料的产地和质地是多种多样的,对于沥青混合料截面图像,集料质地的变化会引起图像信息的变化。集料质地的不完全均一,在混合料图像中产生了很多噪声点。在进行图像处理之前首先要消除噪声点的影响。邻域平均法虽然可以平滑颗粒内部的噪声,但会模糊颗粒的边缘。

常用的数字图像去噪方法主要有空间域方法和频率域方法。空间域方法主要是采用各种图像平滑模板算子对图像进行卷积操作,进而对噪声进行压抑或消除。频率域方法是对变换后图像采用频率带通滤波器进行频率滤波处理,再经过反变换获得去噪后的图像。空间域方法由于便于计算机方阵计算而得到广泛应用。根据算法的不同,常用的空间域方法有均值滤波、中值滤波、维纳滤波和小波域滤波等。

1. 均值滤波

均值滤波是用某一微小窗口区域几个像素灰度的平均值代替此区域内的每个像素的灰度。若假定此区域大小为 $N \times N$ 个像素,其灰度值为 $f(x,y)$,平滑滤波处理后的灰度值为 $g(x,y)$,则有

$$g(x,y) = \frac{1}{M} \sum_{(m,n) \in S} f(x,y) \tag{2-1}$$

式中,$x,y = 0,1,2,\cdots,N-1$;S 是 (x,y) 点邻域中各点的坐标集合,但是不包括 (x,y) 点;M 是集合内坐标点的总数。可见,平滑后图像 $g(x,y)$ 中每个像素的灰度值由 (x,y) 邻域中几个点的像素灰度值来确定,通过把突变点灰度分散于相邻点中达到图像平滑的效果。这种方法往往会导致图像细节模糊。

2. 中值滤波

中值滤波是一种非线性信号处理方法,把数字图像或序列内的一点的值用该点邻域中各点灰度值的中值代替。对于一个像素矩阵,取以目标像素为中心的子

矩阵窗口,窗口大小可以根据具体情况选用。常用窗口的形状有方形、圆形和十字形等。对子窗口内的像素灰度排序,取中间一个值作为目标像素的新灰度值。用数学形式表示可写为

$$y_{ij} = \underset{A}{\text{Med}}\{x_{ij}\} = \text{Med}\{x_{(i+r)(j+s)}, (r,s) \in A, (i,j) \in I^2\} \tag{2-2}$$

式中,$\{x_{ij}, (i,j) \in I^2\}$ 为数字图像各点的灰度值。此外,还要注意窗口的形状和大小对滤波效果的影响是很显著的,需要不断地尝试确定最适合的参数。这种方法运算速度快,易于实现,在去噪的同时能够很好地保护集料的不规则边缘信息,但有时会失掉图像中的细线和小块的目标区域。

3. 维纳滤波

维纳滤波是一种自适应滤波算法,根据图像子窗口的局部方差调整滤波器的输出,使最终输出的平滑图像 $g(x,y)$ 与原始图像 $f(x,y)$ 的均方根误差最小,其数学形式表示如下:

$$\min\text{MSE} = \min E\{e^2(x,y)\} = \min E\{[g(x,y) - f(x,y)]^2\} \tag{2-3}$$

4. 小波域滤波

小波分析用于图像处理的原理是,图像信号与噪声信号经小波变换后在不同的分辨率呈现不同的规律,在不同的分辨率下,设定阈值门限,调整小波系数,即可达到图像去噪的目的。小波系数越趋近于零,小波系数所包含的信息量受噪声干扰越强烈。常用的阈值化去噪方法有两种,一是默认阈值去噪处理,二是给定软(硬)阈值进行去噪处理,此时的阈值通过经验公式获得。

当采用软阈值时,绝对值小于阈值 δ 的小波系数用零代替;绝对值大于阈值 δ 的小波系数用 δ 缩减代替。

$$W_\delta = \begin{cases} 0 & |W| < \delta \\ \text{sgn}(W)(|W| - \delta), & |W| \geq \delta \end{cases} \tag{2-4}$$

式中,W 为小波系数;$\text{sgn}(\cdot)$ 为符号函数,当数值大于零时,$\text{sgn}(\cdot) > 0$。当采用硬阈值时,仅保留绝对值 $|W| \geq \delta$ 的小波系数,并且保留的系数不进行缩减处理。

$$W_\delta = \begin{cases} 0, & |W| \leq \delta \\ W, & |W| > \delta \end{cases} \tag{2-5}$$

在阈值选取过程中,如果阈值太小,处理后的图像仍然存在噪声,阈值太大时,图像的重要特征信息将被滤除,因此采用阈值时要谨慎处理。

基于以上图像去噪的优缺点,本章研究中选择采用维纳滤波和中值滤波相结合的办法,对沥青混合料截面图像进行平滑处理,并对比分析不同滤波方法的处理效果,如图 2.8 所示。

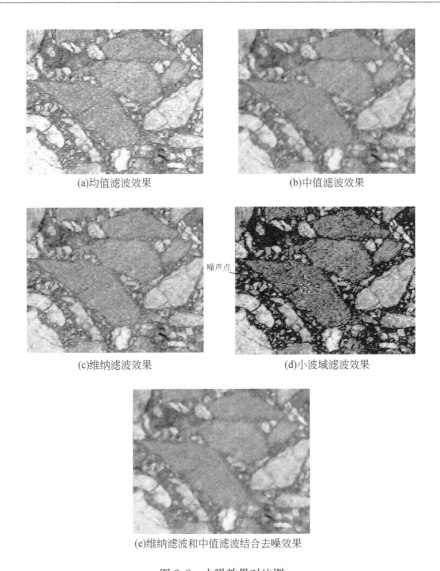

(a)均值滤波效果　　　　　　　　　　(b)中值滤波效果

(c)维纳滤波效果　　　　　　　　　　(d)小波域滤波效果

(e)维纳滤波和中值滤波结合去噪效果

图 2.8　去噪效果对比图

观察图 2.8 可以看出,维纳滤波结合中值滤波的去噪方法能够较好地去除集料内部所产生的噪声点,使集料灰度分布更加均匀,灰度值趋于一致,有利于后续的图像分割处理。同时也可以看出,图像由于经过了平滑处理,开始模糊,接下来需要对图像进行增强处理。

2.2.3　图像增强

图像增强主要用于改善图像的主观质量。灰度变换或直方图变换可以改变图像的对比度,这两种处理能够提高视觉判断的质量,图像动态范围扩大,对比度扩展,使图像更加清晰,特征更明显。对于沥青混合料切片图像,可以进一步增强图像颗粒边缘的清晰度,降低颗粒内部色彩不均匀,同时将空隙、集料和沥青胶浆变换为不同的灰度级别,便于处理和分割。常用的灰度变换方法主要有线性灰度变换、分段线性灰度变换和非线性灰度变换三种,在此介绍前两种。

1. 线性灰度变换

假定源图像 $f(x,y)$ 的灰度范围为 $[a,b]$,变换后的图像 $g(x,y)$ 的灰度范围为 $[c,d]$,则有

$$g(x,y) = \frac{d-c}{b-a}[f(x,y)-a] + c \qquad (2\text{-}6)$$

线性变换关系可用图 2.9 表示。

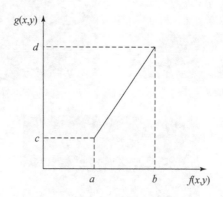

图 2.9　线性灰度变换

2. 分段线性灰度变换

为了突出图像中感兴趣的目标或者灰度区间,相对抑制那些不感兴趣的区域,不惜牺牲其他灰度级上的细节,可以采用分段线性变换法将需要的图像细节灰度级拉伸,增强对比度,将不需要的图像细节灰度级压缩。比较常用的是三段分段线性变换法,变换示意图如图 2.10 所示。其数学表达式为

$$g(x,y) = \begin{cases} \dfrac{c}{d}f(x,y), & 0 \leqslant f(x,y) < a \\[2mm] \dfrac{d-c}{b-a}[f(x,y)-a] + c, & a \leqslant f(x,y) < b \\[2mm] \dfrac{f-d}{e-b}[f(x,y)-b] + d, & b \leqslant f(x,y) < e \end{cases} \qquad (2\text{-}7)$$

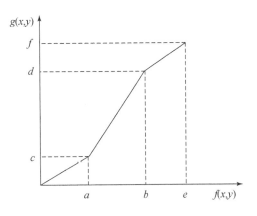

图 2.10　分段线性灰度变换

从图 2.10 可以看出，变换后的图像对灰度区间$[a,b]$进行了线性扩展，而灰度区间$[0,a]$和$[b,e]$受到了压缩。通过调整折线拐点的位置及控制分段直线的斜率，可以对任意灰度区间进行扩展和压缩。

结合沥青混合料切片图像特点，切片上的图像主要由空隙、集料和沥青胶浆三部分组成，如图 2.11 所示。沥青胶浆灰度区间介于黑灰色的空隙和灰白色的集料灰度之间，因此整个区间分为三部分。

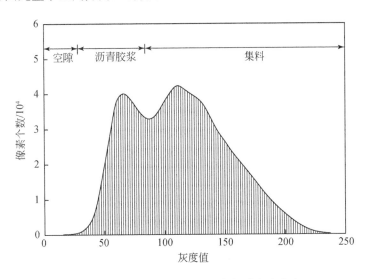

图 2.11　含有空隙的沥青混合料切片灰度分布

为了分割出不同的灰度级别部分，采用改进的分段线性灰度变换方法对图像进行灰度变换，数学表达形式如式（2-8）所示。

$$g(x,y)=\begin{cases} c, & 0\leqslant f(x,y)<a \\ \dfrac{d-c}{b-a}[f(x,y)-a]+c, & a\leqslant f(x,y)<b \\ d, & b\leqslant f(x,y)<e \end{cases} \quad (2\text{-}8)$$

分段线性增强后的图像如图 2.12 所示。

图 2.12　分段线性增强后的图像

2.2.4　基于最大类间方差法的图像分割方法

在进行分段线性增强时,需要确定相应的灰度界限值,常用的方法主要有双峰法、P 参数法和基于最大方差理论的自动取阈法(即大津法)。双峰法原理清晰,易于计算机操作处理,一般用作图像分割首选阈值的确定方法。不同的图像,灰度分布的特点也不尽相同。对于波峰波谷平坦的图像,不同区域直方图的波形存在较大的重合区域,采用双峰法难以确定准确的阈值,需寻求其他方法实现阈值的自动选择。P 参数法适合各灰度区域比例清楚的多峰直方图的图像分割。对沥青混合料而言,混合料的矿料级配已知,但是由于切片制作的随机性,图像的平面级配和真实的三维级配可能是不同的,切片图像很难给出准确的级配数据。另外,由于成型方法和其他人为因素的影响,级配确定的情况下,混合料内部的空隙分布也是不确定的。因此,直接运用 P 参数法进行分割阈值确定存在一定的难度。大津法则是基于最大方差理论确定图像的分割阈值。其假设用阈值将图像划分为目标和背景两个类,计算出两个类的方差,当方差最大时,表示目标和背景之间差异最大,此时的值为最佳阈值。大津法是一种自动的非参数监督的阈值选取方法,耗时少,得到的阈值也较为准确,在图像分割处理中具有良好的效果。

如图 2.13 所示,假设 T 为两区域的分割阈值,区域 1、区域 2 的面积比为

$$\theta_1 = \sum_{j=0}^{T} \frac{n_j}{n} \tag{2-9}$$

$$\theta_2 = \sum_{j=T+1}^{G-1} \frac{n_j}{n} \tag{2-10}$$

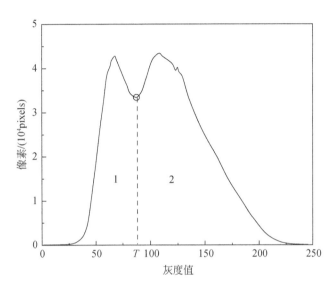

图 2.13　图像分割灰度分布

图像平均灰度为

$$\mu = \sum_{j=0}^{G-1} \left(f_j \times \frac{n_j}{n} \right) \tag{2-11}$$

$$\mu_1 = \frac{1}{\theta_1} \sum_{j=0}^{T} \left(f_j \times \frac{n_j}{n} \right) \tag{2-12}$$

$$\mu_2 = \frac{1}{\theta_2} \sum_{j=T+1}^{G-1} \left(f_j \times \frac{n_j}{n} \right) \tag{2-13}$$

式中，n_j 为对应灰度 f_j 的像素个数；G 为灰度级数。当被阈值 T 分割的两区域灰度差别较大时，两区域的平均灰度 μ_1 和 μ_2 与 μ 差别也较大，区域间的方差可以作为描述差异的有效参数。

$$\sigma_B^2 = \theta_1 \ (\mu_1 - \mu)^2 + \theta_2(T) \left[\mu_2(T) - \mu \right]^2 \tag{2-14}$$

当 σ_B^2 取最大值时，两区域间灰度差别最大，此时达到最佳分割阈值。

$$T = T \left[\max(\sigma_B^2) \right] \tag{2-15}$$

确定分割阈值之后,即可按照改进的分段线性增强的办法对集料区域图像进行线性增强。不同类型的沥青混合料其空隙含量也是不同的,对于空隙含量较小的采用试算的方法确定沥青胶浆与空隙之间的分割阈值;对于空隙含量较大的混合料图像则首先确定集料与背景之间的分割阈值,然后再对背景进行二次类间方差计算,确定沥青胶浆和空隙的分割阈值,然后以前后两个分割阈值为灰度界限进行分段线性灰度变换,同时进行图像分割,并将分割后图像转为二值图像,如图 2.14所示。

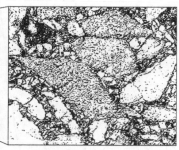

图 2.14　分段增强后二值图像

2.2.5　集料轮廓粘连分割方法研究

1. 形态学处理

由图 2.14 可以看出,经过图像增强后的二值图像仍然会由于集料表面灰度的不均匀分布产生噪声影响,在集料内部形成若干离散的噪声点,同时也造成集料边缘产生了较多的毛刺。因此,为了得到可用的二值图像,还需对图像进行优化处理。鉴于图像细部特点,采用形态学方法进行处理。

数学形态学图像处理的基本思想是利用一个矩阵元素收集图像的信息,当该矩阵元素不断地在图像中移动时,分别考察图像各个部分间的相互关系,从而了解图像各个部分的结构特征。从某种意义上讲,形态学处理是以几何学为基础的。形态学基本运算有膨胀、腐蚀、开启和闭合操作,基于这些基本运算可以推导出更多的数学形态学实用算法。膨胀和腐蚀的定义是与集合及其运算密切相关的。

设 Ω 为二维几何空间,图像 A 是 Ω 的一个子集,结构元素 B 也是 Ω 的子集,$b \in \Omega$ 是空间内一个点。A^b 为图像 A 被点 b 平移后的结果,表示为 $A^b = \{a+b | a \in A\}$;$\hat{A}$ 定义为图像 A 经原点反射后的结果,记为 $\hat{A} = \{-a | a \in A\}$。根据这些基本

运算可以定义膨胀和腐蚀运算。

膨胀可以定义为

$$A \oplus B = \{a+b \,|\, a \in A, b \in B\} = \{x \,|\, [(\hat{B})_x \cap A] \subseteq A\} \tag{2-16}$$

腐蚀可以定义为

$$A \ominus B = \{z \in \Omega \,|\, B^z \subseteq A\} \tag{2-17}$$

用 B 膨胀 A 的过程是先对 B 做关于原点的映射,再将其影像平移 x,这里 A 与 B 影像的交集不为空集。膨胀和腐蚀是紧密联系在一起的,一个运算对目标的操作相当于另一个运算对图像背景的操作,因此膨胀和腐蚀是对偶的。

定义了膨胀和腐蚀操作后,就可以定义开运算和闭运算。

A 对 B 的开运算操作即 A 先被 B 腐蚀,再被 B 膨胀。记为

$$A \cdot B = (A \ominus B) \oplus B \tag{2-18}$$

A 对 B 的闭运算操作即 A 先被 B 膨胀,再被 B 腐蚀,记为

$$A \cdot B = (A \oplus B) \ominus B \tag{2-19}$$

通常,开运算用于删除图像元素中的小毛刺和分支,闭运算用于填补图像中的空穴。为了去除集料由边缘噪声造成的细小毛刺,对图像进行形态学开闭运算操作。同时,对图像取反,采用面积过滤方法去除集料内部出现的不连续空隙。最后将源图像与过滤后图像进行加运算得到完整的二值图像。

2. 粘连图像的分水岭分割

由于图像采样精度和灰度差异的限制,原始图像(图 2.15(a))经过形态学处理后得到的二值图像某些集料产生了粘连(图 2.15(b)),需对粘连的集料进行分割,现有的图像分割方法较多,而分水岭算法是应用较为广泛的一种方法[1]。

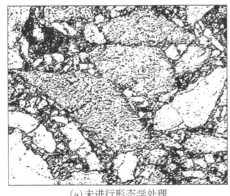
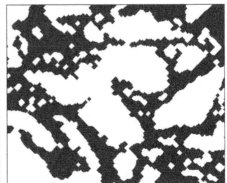

(a)未进行形态学处理　　　　　　　　　　　　(b)形态学处理之后

图 2.15　形态学处理效果对比

　　分水岭算法是一种基于图像空间区域分解的图像分割方法。1991 年,Vincent 等采用"浸没"与"排序"原则,提出了一种满足图像实时分割要求的快速分割算法,称为分水岭算法。此后,分水岭算法广泛用于灰度图像的处理与分割。其原理是,由于图像中各点的像素灰度值不尽相同,可以将二维灰度图像 $f(x,y)$ 抽象成包含山峰和山谷的地形图,如图 2.16 所示。

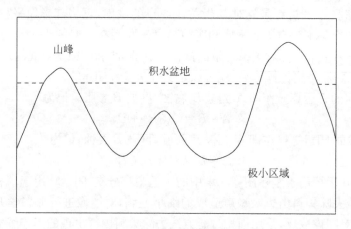

图 2.16　分水岭算法示意图

　　山谷位置的点对应于图像中局部极小区域,根据"浸没"原理,图像中其他位置的点与极小区域的点有如下两种关系:

　　(1)若将一水滴置于地形图上的某一点,该水滴将会向"积水盆地"流动,水滴会最终流入特定的一个局部极小区域。

　　(2)该水滴会等概率地流入一个以上的局部极小区域。

　　在图像中,局部极小区域的点的集合一般称为积水盆地,图像中其他灰度值较大的点的集合称为分水岭,不同的分水岭将不同的积水盆地分隔开。要想获得这些区域首先需对图像进行预处理。预处理后的灰度图像被视为一个高程不同的地形图,提取灰度值较小的集合构成积水盆地,灰度值较大的点构成分水山脊。采用浸没方法,假设水从积水盆地内高程最低的地方渗入,并且假设水位不断涨高,在分水山脊上筑起防水水坝以防不同积水盆地连通。随着水位的不断升高,逐渐析出分割山脊。当水位淹没灰度值最高的山脊时,算法结束。在此过程中所记录的水坝元素集合就是所要寻找的分水岭。每个孤立的积水盆地元素集合对应一个图像分割后的区域。为了便于算法设计,需要采用数学方法描述此过程。

　　假设有一幅灰度图像 $f(x,y)$,计算得到其梯度图像为 $g(x,y)$,图像中局部极小值点用 $M_1,M_2,\cdots,M_R$ 表示,并且提取得到梯度图像中最大和最小灰度值。图像中的这些极小值点对应的积水盆地的集合为 $C(M_i)$,水流溢流过程按照单灰度

值增加方法进行,设溢流深度为 n,$T[n]$ 表示 $g(u,v)<n$ 的像素点的集合,即

$$T[n]=\{(u,v)\mid g(u,v)<n\} \tag{2-20}$$

每淹没一次,水位深度从 n 变为 $n+1$,此时统计图像中在平面 $g(u,v)=n$ 以下的像素点集合为 $T[n]$。处在平面 $g(u,v)=n$ 以下的每个局部极小值点 M_i 的像素点区域集合记为 $C_n(M_i)$,计算公式为

$$C_n(M_i)=C_n(M_i)\bigcap T[n] \tag{2-21}$$

若用 $C[n]$ 表示水位深度为 n 时像素值小于 n 的所有像素点集合,计算得到

$$C[n]=\bigcup_{i=1}^{R} C_n(M_i) \tag{2-22}$$

若用 $C[\max+1]$ 表示所有区域像素点并集,有

$$C[\max+1]=\bigcup_{i=1}^{R} C_{\max+1}(M_i) \tag{2-23}$$

在水位不断增高的过程中,集合 $C_n(M_i)$ 与 $T[n]$ 中的像素点一直属于原集合,随着水位的不断增高,两个集合中的像素个数是单调递减的。同时 $C[n-1]$ 是 $C[n]$ 的子集,而根据式(2.21)和式(2.22)可得 $C[n]$ 是 $T[n]$ 的子集,三者间的关系可以表示为

$$C[n-1]\subseteq C[n]\subseteq T[n] \tag{2-24}$$

可见每个 $C[n-1]$ 中的连通组元都包含在 $T[n]$ 的连通组元中。

在算法运算开始时,需要进行算法初始化,令 $C[\min+1]=T[\min+1]$,然后通过迭代计算得到水位深度为 n 时的结果。假设在步骤 n 时已经计算出 $C[n-1]$ 的结果,要从该结果计算出 $C[n]$,令 S 代表 $T[n]$ 中连通区域的集合,集合中每个连通区域 $s\in S[n]$ 与 $C[n-1]$ 存在三种关系:

(1)$S\bigcap C[n-1]$ 的结果为空集。

(2)$S\bigcap C[n-1]$ 的结果含有 $C[n-1]$ 中一个连通区域。

(3)$S\bigcap C[n-1]$ 的结果含有 $C[n-1]$ 中一个以上的连通区域。

三种关系示意图如图 2.17 所示。

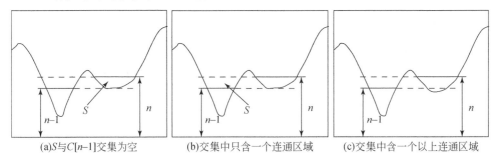

(a)S 与 $C[n-1]$ 交集为空　　　　(b)交集中只含一个连通区域　　　　(c)交集中含一个以上连通区域

图 2.17　S 与 $C[n-1]$ 的关系示意图

在 $C[n]$ 计算过程中,关系(1)表明随着 n 的增加,水平面遇到新的局部极小值点,因此只要把连通区域 S 加入 $C[n-1]$ 就可得到 $C[n]$;关系(2)表明连通区域 S 只属于某个极小值区域,各局部极小值溢出的水并没有流进其他积水盆,此时只要把 S 加入 $C[n-1]$ 就得到 $C[n]$;关系(3)表明水平面已经淹没一个以上的积水盆,因此 S 中包含 $C[n-1]$ 一个以上的连通区域,此时需要在 S 中建立分水岭,防止不同的区域会被连通起来。

根据分水岭算法的基本思想可以看出,分水岭算法对图像灰度的变化情况比较敏感,这有利于提取图像中封闭、连通的区域边界。这种优点同时还带来了一些严重的缺陷。运用分水岭分割时,图像中噪声与图像中纹理细节将会造成积水盆地和分水岭的误判,内部会产生许多局部"山峰"和"山谷",处理后图像内部出现很多伪边界,进而导致图像出现过分割现象。

为了解决由集料轮廓表面细微变化带来的影响,对计算得到的图像的 D4 像素距离进行改进处理,将 D4 像素距离大于某一阈值的距离全部置为该阈值常数,然后进行分水岭分割,发现通过置常数处理,有效地避免了边缘细微变化带来的过分割现象。为了分割粗集料周围黏结的细集料,按照等效半径圆面积提前筛选出2.36mm以上的粗集料颗粒,如图 2.18 所示。可以看出,直接提取得到的沥青混合料粗集料周围黏结了较多细集料颗粒,与真实的沥青混合料结构状态不符,因此采用不同的距离阈值进行分水岭分割,分割后按照等效半径圆面积法提取的粗集料如图 2.19 所示。

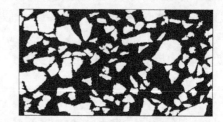

图 2.18　粗集料图像　　　　　图 2.19　分水岭分割后提取的粗集料图像

参 考 文 献

[1]Vincent L,Soill E P. Watersheds in digital spaces:An efficient algorithm based on immersion simulations[J]. IEEE Transaction on Pattern Analysis and Machine Intelligence,1991,13(6): 583-598.

第3章 油石界面破坏模式的数字图像表征

3.1 沥青混凝土服役环境

沥青路面具有良好的行车舒适性、抗滑性、抗震动性,但是暴露在室外环境中不可避免地受到气候的影响。在滨海地区,由于海水环境含有大量的氯化盐类物质,会对沥青路面的使用性能造成较大影响。而在季节性冰冻地区,冬季的雨雪天气会导致路面结冰,道路通行能力严重降低,当沥青路面被冰雪覆盖时,其抗滑性急剧下降,这可能会导致严重的交通事故[1-3],其中15%～30%是由雪或冰引起的[4]。因此,有必要清除路面冰雪,以保证更好的路面抗滑性和更低的事故率。

化学、机械和加热方法是清除路面雪/冰的常用方法[5]。化学法因其原料成本低、储量大和融雪能力强而得到广泛应用[6-8]。然而,氯化钠等融雪剂也给混合料的性能带来了诸多负面影响[9-15]。氯化盐及冰雪消融后携带大量的氯化物扩散进入沥青混合料内部,对沥青混合料力学性能造成一定的影响,盐水浸润可能会导致油石黏结界面强度降低。因此,研究盐水浸润作用下油石黏结性能的变化规律对明确滨海地区沥青路面的水损伤机理具有重要的参考价值。

冬季环境温度随昼夜发生较大波动,当温度降至盐溶液冰点以下时,沥青混合料内部的盐溶液会发生结冰冻胀现象,从而对沥青混凝土力学性能造成一定的损伤。以往的研究主要集中在沥青混凝土方面,采用盐冻循环直接评价沥青混凝土力学性能的衰变情况,而对力学性能的衰变机理缺乏有效的研究。因此,借助油石黏结强度试验评价浸水及冻融条件下油石黏结界面的强度损伤情况,有利于解释沥青混凝土在冻融循环下力学性能衰变的内部诱因。

3.2 油石界面黏结性能

3.2.1 拉脱试验方法

研究选用的沥青为广东茂名 AH-70♯路面石油沥青,沥青性能指标见表 3.1。

表 3.1　AH-70♯沥青的性能指标

指标	测试值	测试方法
针入度(25℃)/10^{-1}mm	68	ASTM D5
软化点/℃	48.0	ASTM D36
延度(15℃)/cm	>100	ASTM D113
蜡质含量/%	1.8	SH/T 0425
闪点/℃	285	ΛSTM D92
薄膜烘箱老化后的质量损失(163℃,5h)/%	0.15	ASTM D6
薄膜烘箱老化后的针入度比/%	78.8	ASTM D5
薄膜烘箱老化后的延度/cm	6.5	ASTM D113
密度/(g/cm³)	1.034	ASTM D70

选用的融雪盐为山东生产的商业融雪盐,其物理性质见表 3.2。

表 3.2　融雪盐物理性质

指标		测试值	测试方法
表观密度/(g/cm³)		2.18	ASTM C128
$CaCl_2$含量/%		74.20	ASTM D98
含水量/%		0.25	ASTM C70
pH		11.50	ASTM D4264
筛孔通过率/%	<4.75mm	91.40	ASTM C136
	<2.36mm	44.90	ASTM C136
	<1.18mm	27.20	ASTM C136

　　采用水冷式取心机从花岗岩板上取心,心样直径为(40±1)mm,厚度为(15±1)mm。用砂纸对花岗岩心样的上下表面进行抛光,以清除表面的瑕疵。然后,将饼状花岗岩心样在 105℃的烤箱中放置 24h,以去除心样中的水分。心样如图 3.1 所示。根据规范采用煮沸法测定花岗岩与沥青的黏结等级。

　　将饼状花岗岩心样置于 170℃的烤箱中,至少加热 6h,然后取出心样,放置在加热的钢板上。在心样表面滴沥青黏结剂约 0.2g,接着将另一个心样垂直地放在上面,采用压力机对心样-沥青-心样试件进行压实。在压实过程中,用卡尺测量黏结试样的厚度,直到黏结剂厚度达到控制值,压实过程停止。黏结剂厚度的计算方

图 3.1　饼状花岗岩心样

法是总厚度减去两个心样的厚度。黏结剂厚度控制在 (0.1 ± 0.02) mm，以减小试验偏差。制备的黏结试样如图 3.2 所示。

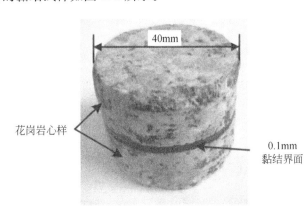

图 3.2　黏结试样

　　通过拉脱试验分析不同因素对沥青-集料(花岗岩心样)界面强度的影响。采用万能试验机进行拉脱试验。试验装置由两个球形铰链连接，以保证试件同轴拉伸，每组设 6 个平行试件。每次试验前，在不同环境箱中对试件进行保温，然后在室温下静置备用，6h 后将试样用树脂胶黏剂黏结在钢头上，如图 3.3 所示。方钢短管边长为 50mm，厚度为 10mm。将试件置于环境箱中，在试验温度下放置 6h，然后取出试件进行拉脱试验。分别在 40℃、15℃和-10℃条件下进行拉脱试验，测定高、中、低温下的黏结性能。万能试验机的拉伸应变速率为 50mm/min，试验装置如图 3.4 所示。

图 3.3　拉脱试验准备

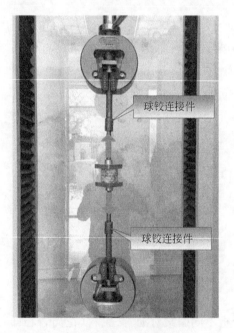

图 3.4　拉脱试验装置

抗拉强度(POTS)可由下式计算:

$$\text{POTS}=\frac{F}{A} \tag{3-1}$$

式中,F 为破坏荷载(N);A 为接触面积(mm^2),取 1256mm^2。

Moraes 等[16]的研究提出,可以用抗拉强度损失(POTSL)来评价不同条件对抗拉强度的影响,POTSL 的计算公式如下:

$$POTSL = 1 - \frac{POTS_{con}}{POTS_{ucon}} \tag{3-2}$$

式中，POTSL 表示经过不同条件处理后的试件的抗拉强度损失，POTSL 的值越高，抗拉强度损失越大；$POTS_{con}$ 表示经过处理后的试件的抗拉强度；$POTS_{ucon}$ 表示未经过处理的初始抗拉强度。

3.2.2 正交试验设计

通过设计正交试验，研究四种不同盐溶液浓度（质量分数）（A）、四种不同冻融循环次数（B）、四种不同浸泡时间（C）对沥青-集料界面强度的影响。盐溶液的质量分数设为 $5\%(A_1)$、$10\%(A_2)$、$15\%(A_3)$、$20\%(A_4)$，冻融循环次数设置为 5 次 (B_1)、10 次 (B_2)、15 次 (B_3)、20 次 (B_4)，盐溶液浸泡时间设置为 $6h(C_1)$、$12h(C_2)$、$14h(C_3)$、$48h(C_4)$。首先，将试件在真空度为 $-3.7kPa$ 环境下置于盐溶液中饱水 30min，然后，将试件在 $-25℃$ 下冷冻 12h，最后，将其置于 $20℃$ 的盐溶液中浸泡至设计时间，此为 1 次冻融循环。为了避免盐对设备的腐蚀，以塑料盒盛放盐溶液和试件并置入恒温水箱中，浸泡过程中保持温度稳定。冻融循环试验过程如图 3.5 所示。根据三因素四水平正交试验理论设计试验组，见表 3.3。

(a)盐溶液浸泡及解冻   (b)冰冻试件

图 3.5 冻融循环试验过程

表 3.3 正交试验设计

试验组序号	组合条件	质量分数/%	循环次数	浸泡时间/h
1	$A_1B_1C_1$	5	5	6
2	$A_1B_2C_2$	5	10	12
3	$A_1B_3C_3$	5	15	24

试验组序号	组合条件	质量分数/%	循环次数	浸泡时间/h
4	$A_1B_4C_4$	5	20	48
5	$A_2B_1C_2$	10	5	12
6	$A_2B_2C_1$	10	10	6
7	$A_2B_3C_4$	10	15	48
8	$A_2B_4C_3$	10	20	24
9	$A_3B_1C_3$	15	5	24
10	$A_3B_2C_4$	15	10	48
11	$A_3B_3C_1$	15	15	6
12	$A_3B_4C_2$	15	20	12
13	$A_4B_1C_4$	20	5	48
14	$A_4B_2C_3$	20	10	24
15	$A_4B_3C_2$	20	15	12
16	$A_4B_4C_1$	20	20	6
17[a]	—			0

a：对照组，未做任何处理。

3.2.3　油石界面黏结强度变化规律

通过拉脱试验，各因素对沥青-集料界面强度的影响见表3.4。

表3.4　抗拉强度与抗拉强度损失

试验组序号	抗拉强度 POTS/MPa						抗拉强度损失/POTSL		
	40℃		15℃		−10℃		40℃	15℃	−10℃
	平均值	标准差	平均值	标准差	平均值	标准差			
1	0.850	0.004	1.920	0.069	1.971	0.045	0.362	0.380	0.054
2	0.666	0.014	1.711	0.077	1.897	0.010	0.501	0.448	0.090
3	0.562	0.004	1.295	0.017	1.741	0.037	0.578	0.582	0.164
4	0.361	0.008	0.967	0.058	1.558	0.045	0.729	0.688	0.252
5	0.887	0.039	1.937	0.113	1.766	0.047	0.335	0.375	0.152
6	0.746	0.026	1.874	0.061	1.729	0.039	0.441	0.395	0.170
7	0.627	0.010	1.301	0.092	1.349	0.047	0.530	0.580	0.353
8	0.573	0.037	1.436	0.093	1.453	0.031	0.570	0.536	0.303
9	0.880	0.034	1.947	0.013	1.604	0.022	0.34	0.371	0.23

续表

试验组序号	抗拉强度 POTS/MPa						抗拉强度损失/POTSL		
	40℃		15℃		−10℃		40℃	15℃	−10℃
	平均值	标准差	平均值	标准差	平均值	标准差			
10	0.661	0.009	1.490	0.044	1.331	0.010	0.504	0.519	0.361
11	0.680	0.010	1.723	0.045	1.384	0.040	0.490	0.444	0.336
12	0.624	0.038	1.503	0.015	1.455	0.020	0.532	0.515	0.302
13	0.842	0.003	1.987	0.111	1.481	0.073	0.369	0.358	0.290
14	0.744	0.013	1.730	0.082	1.317	0.012	0.442	0.441	0.368
15	0.719	0.034	1.690	0.081	1.312	0.040	0.460	0.454	0.370
16	0.660	0.023	1.547	0.040	1.290	0.058	0.505	0.500	0.381
17	1.334	0.080	3.097	0.207	2.084	0.018	0.000	0.000	0.000

由表 3.4 可以看出,与对照组相比,经过处理后的试件抗拉强度均有所降低,这与文献[17]和[18]所得结论类似。对照组(第 17 组)的抗拉强度先增加,在 15℃时达到峰值,然后随着温度的降低而降低。第 5 组、第 6 组及第 9 组~第 16 组的抗拉强度变化趋势相同,文献[19]和[20]也得出类似结论。但第 1 组~第 4 组及第 7 组、第 8 组的强度变化规律与其他组不同。由于黏结剂的热敏特性,抗拉强度随温度的降低而单调增加。可以得出结论,未经过处理的试件及经过处理的试件对温度均具有敏感性,但低盐浓度的试件对温度的敏感性与高盐浓度的试件及未经过处理的试件的敏感性有所不同。这说明在低盐浓度下,冻融循环对中温下的黏结性能有消极作用。Feng 等[7]也证明了在低盐浓度条件下混合物比在高盐浓度条件下的更容易被破坏。

抗拉强度损失越高,界面强度破坏越严重。由表 3.4 可知,在 40℃、15℃和−10℃条件下,POTSL 的最大值分别为 0.729、0.688 和 0.381。可见,POTSL 对温度也具有敏感性,它随着温度的下降而下降,同时,在 40℃和 15℃时,各组抗拉强度损失非常接近,且明显高于−10℃时的抗拉强度损失,这表明在相同的条件下,中、高温下的界面黏结性能比低温下的衰减幅度更大。Moraes 等[16]和 Sara 等[21]的研究表明,室温下在纯水中浸泡 6h、24h 和 48h 后 POTSL 分别达到最大 0.26、0.164 和 0.256,这些值均小于本研究的最小值,即 40℃和 15℃时的 0.335 和 0.358,这种差异是由冻融循环和盐的作用造成的。Xie 等[20]研究表明,冻融循环对抗拉强度有明显的影响。Liu 等[22]指出,由于冻融循环作用,花岗岩的微观结构被破坏,冻融循环次数不超过 30 次时,试件的损伤区域接近表面。Pang 等[23]指出,盐溶液溶解并去除了沥青中的一些化合物,导致沥青的水分损失。花岗岩中的矿物可以溶解于盐溶液,溶解的矿物和溶液在岩石表面发生化学反应,即盐溶液对花岗岩有腐蚀作用。由此推断,盐溶液和冻融循环对石材基体有显著影响,但这些影响主要发生在花岗岩表面。同时,存在花岗岩岩体损伤对结合界面的影响。由此证实了盐、冻融循环和水分浸泡对界面抗拉强度有负面影响。也就是说,复杂多样的环境因素会加速界面的强度损失。环境因素越复杂,沥青路面的破坏程度越高。同时需要注意的是,含融雪盐沥青路面面临着许多来自大自然的挑战,耐久性铺装材料迫切需要满足融雪和长寿命的路面需求[24]。作为更好的选择,未来应鼓励采用环保型除雪技术[25,26]。

3.3 油石界面破坏模式

3.3.1 油石黏结破坏断面图像处理技术

为研究不同因素对界面强度的影响,采用数字图像处理技术确定黏结损伤区域和黏聚损伤区域的百分比。图像处理过程如图 3.6 所示。

由 RGB 图像到灰度图像的转换易丢失细节信息,无法准确地分离黏结损伤区域;此外,RGB 图像黏结损伤区域与其他区域不同。因此,直接对 RGB 图像进行损伤区域分割。分割原则采用下列公式:

$$灰度比 = [R/G \quad G/B \quad R/B] \tag{3-3}$$

$$像素 \in \begin{cases} 黏聚损伤,1.1 > 灰度比 > 0.9 \\ 黏结损伤,灰度比 \leq 0.9 \ 或者 \geq 1.1 \end{cases} \tag{3-4}$$

式中,灰度比表示 RGB 取值的比例;R/G 为红色与绿色的灰度比;G/B 为绿色与蓝色的灰度比;R/B 为红色与蓝色的灰度比。图像中的 RGB 值为 0~255 的整数。在计算灰度值之前需要将其转换为双数据。之后,利用式(3-3)将不同破坏区域的像素分开,以此计算黏结损伤区域和黏聚损伤区域的像素。最后,得到黏结损伤区域和黏聚损伤区域的百分比:

$$AFP = \sum_{i=1}^{2} \frac{黏结损伤区域_i}{界面全部区域_i} \times 100\% \tag{3-5}$$

$$CFP = 100\% - AFP \tag{3-6}$$

式中,AFP 为黏结损伤区域百分比;CFP 为黏聚损伤区域百分比。由图 3.6 可以看出,一幅图像中有两个界面区域,因此 AFP 为每个区域黏结损伤区域百分比的总和。

利用损伤图像可以识别油石界面破坏模式,借助损伤图像研究盐溶液浓度、冻融循环次数及浸泡时间对黏结失效模式的影响。不同条件下黏结损伤区域百分比如图 3.7 所示,图中横坐标值为(盐溶液浓度,冻融循环次数,盐溶液浸泡时间)。

从图 3.7 中可以看出,在 15℃时,AFP 随着盐浓度的增加而逐渐增加。肖庆

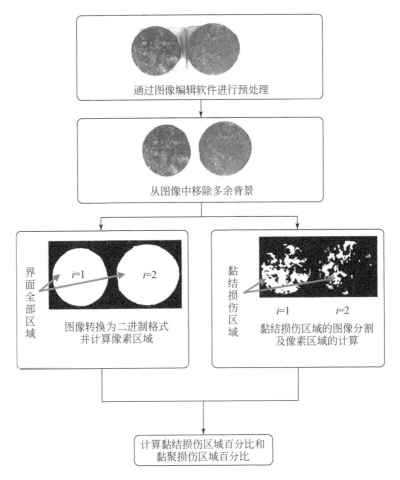

图 3.6　破坏界面图像处理过程

一等[27]也认为,室温下盐的侵蚀随盐溶液浓度的增加而增加。可见,15℃时 AFP 的升高主要是由盐腐蚀引起的。而在−10℃时,AFP 呈相反的趋势,即随盐溶液浓度的升高而降低。当盐浓度小于 15％时,−10℃的 AFP 明显高于 15℃。这是由溶液凝固点下降引起的,低浓度的盐溶液比高浓度的盐溶液更容易冻结,冻胀作用可能造成明显的黏结损伤。AFP 在 40℃时几乎为零,这表明 CFP 在 40℃时几乎达到 100％,黏聚损伤仅发生在高温条件下。此外,当温度降至 15℃及以下时,CFP 均小于 90％,黏聚损伤和黏结损伤同时发生。因此,界面失效模式随着温度的变化而变化。这与 Zhang 等[19]的结果一致。通过对比 AFP 和 POTSL 可以看出,在盐溶液侵蚀作用下,界面内聚损伤容易发生,这导致抗拉强度下降。综上所

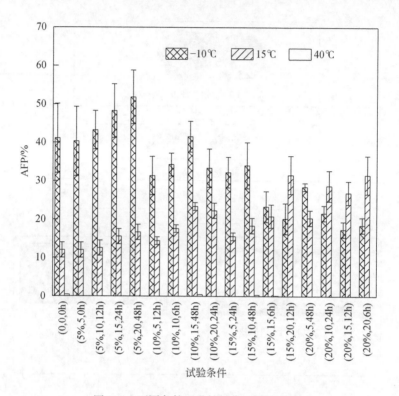

图 3.7 不同条件下黏结损伤区域百分比

述,在中低温条件下,盐溶液浓度和冻融循环对黏结损伤有显著影响。在中温条件下,盐溶液容易导致黏结损伤。在低盐溶液浓度、低温条件下,盐溶液与冻融循环的耦合作用容易导致黏结损伤。

3.3.2 油石界面破坏模式统计分析

盐溶液浓度、冻融循环次数和浸泡时间对吸湿性、POTSL 及 AFP 的影响程度不同,这些因素对沥青-集料的物理性能和黏结性能的影响尚不清楚,因此,分别对 POTSL 和 AFP 进行单因素方差分析。本研究的显著性水平(α)为 0.05。采用 f 检验分析油石界面破坏模式,其置信水平为 95%。结果见表 3.5。

从表 3.5 中可以看出,盐溶液浓度、冻融循环次数、浸泡时间对 POTSL 的 P-value 均小于 0.05。说明这三个因素对抗拉强度损失均有显著影响。这一结果与 Gong 等[28]的观点一致。在 AFP 分析中,15℃浸泡时间和−10℃冻融循环的 P-value 均大于 0.05,说明浸泡时间和冻融循环对中、低温下 AFP 的影响不大。这可能有两个原因:一方面,这可能是由于试验条件产生的误差;另一方面,浸泡时间和冻融循环的影响需要与低温下盐溶液浓度等因素相结合来分析。

表 3.5　单因素方差分析结果($\alpha = 0.05$)

指标	温度	变量	F	P-value	F-crit	显著性
POTSL	40℃	盐溶液浓度	12.79	0.0051	4.76	是
		冻融循环次数	66.57	0.0001	4.76	是
		浸泡时间	9.92	0.0097	4.76	是
	15℃	盐溶液浓度	5.31	0.0398	4.76	是
		冻融循环次数	27.00	0.0007	4.76	是
		浸泡时间	8.80	0.0129	4.76	是
	−10℃	盐溶液浓度	36.17	0.0003	4.76	是
		冻融循环次数	15.49	0.0031	4.76	是
		浸泡时间	6.49	0.0259	4.76	是
AFP	15℃	盐溶液浓度	9.34	0.0112	4.76	是
		冻融循环次数	5.91	0.0318	4.76	是
		浸泡时间	0.15	0.9272	4.76	否
	−10℃	盐溶液浓度	79.96	0.0000	4.76	是
		冻融循环次数	0.82	0.5272	4.76	否
		浸泡时间	17.48	0.0023	4.76	是

注：F 为 F 值；P-value 为 F 值的概率；F-crit 为临界值。

3.4　油石界面强度多因素耦合损伤模型

虽然已经获得了盐溶液浓度、冻融循环次数和浸泡时间对 POTSL 的影响程度，但其变化规律仍不清楚。通过统计回归分析，确定不同温度下 POTSL 的变化规律。根据 Shakiba 等[29]和 Kringos 等[30]的结果选择多变量幂指数模型，模型表达式为

$$POTSL = ax^b y^c z^d \tag{3-7}$$

式中，a、b、c、d 为模型参数；x 为盐溶液浓度变量；y 为冻融循环次数变量；z 为浸泡时间变量。采用非线性回归分析方法确定模型参数，回归参数及方程见表 3.6。试验值与预测值的相关关系如图 3.8 所示。

表 3.6　POTSL 的非线性回归结果

温度/℃	a	b	c	d	R	回归方程
40	0.126	−0.132	0.345	0.071	0.976	$POTSL=0.126x^{-0.132}y^{0.345}z^{0.071}$
15	0.140	−0.093	0.291	0.103	0.970	$POTSL=0.140x^{-0.093}y^{0.291}z^{0.103}$
−10	0.213	0.705	0.451	0.200	0.965	$POTSL=0.213x^{0.705}y^{0.451}z^{0.200}$

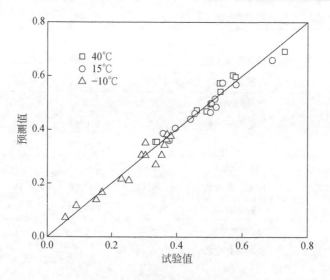

图 3.8　试验值与预测值的相关性

　　从表 3.6 中可以看出,相关系数 R 均大于 0.95。图 3.8 表明,试验值与预测值的相关性较好。这意味着所选的幂指数模型适合 POTSL,即三因素的耦合效应可以用多变量幂指数模型来描述。回归参数 b 在 −10℃时为正,在 40℃和 15℃时为负。b 为负,说明 POTSL 随盐溶液浓度的增大而下降;b 为正,说明 POTSL 随盐溶液浓度的增大而提高。因此,盐溶液浓度对低温强度的影响不同于中温和高温。Li 等[31]研究表明,浸水后沥青会发生盐溶效应。这一效应也随着盐溶液浓度的增大而加剧。盐溶作用导致沥青质组分增加、低分子组分(包括饱和物和树脂)减少[23]。在盐溶作用下,芳烃的含量变化范围较小。宏观上看,沥青的模量增大、延性和低温抗变形能力降低。Pang 等[23]发现,盐溶液浸泡 7d 后,沥青胶浆模量有所上升。Moraes 等[32]和 Huang 等[33]认为黏结强度随着其模量的增加而增加,沥青胶浆模量的增加导致了抗拉强度的提高。在中高温条件下,POTSL 随盐溶液浓度的增加而降低。对于低温下的 POTSL,肖庆一等[27]认为随着盐溶液浓度的增加界面破坏程度增加。王岚等[34]指出,沥青-集料的黏结作用随着盐溶液浓度和冻融循环次数的增加而减小。因此,界面的破坏、黏结作用的减弱和基于盐溶液的低温变形均可导致 POTSL 增大。低温条件下 POTSL 的上升意味着在高盐溶液浓度条件降低了试件的低温强度。

从参数 c 和 d 来看,两者的回归参数相近,因此冻融循环次数和浸泡时间对低、中、高温条件下的强度具有相同的消极影响。POTSL 随冻融循环次数和浸泡时间的增加而增加,这一趋势与 Kringos 等[30]、Feng 等[7]、Sara 等[21]的观点相似。多因素损伤模型表明,盐溶液浓度、冻融循环次数和浸泡时间的耦合作用对沥青-集料的高、中、低温抗拉强度均有不利影响。

参 考 文 献

[1] Ma T,Geng L,Ding X H,et al. Experimental study of deicing asphalt mixture with anti-icing additives[J]. Construction and Building Materials,2016,127:653-662.

[2] Pan P,Wu S P,Xiao Y,et al. A review on hydronic asphalt pavement for energy harvesting and snow melting[J]. Renewable and Sustainable Energy Reviews,2015,48:624-634.

[3] Wu S P,Pan P,Chen M Y,et al. Analysis of characteristics of electrically conductive asphalt concrete prepared by multiplex conductive materials [J]. Journal of Material in Civil Engineering,2013,25:871-879.

[4] Zheng M L,Zhou J L,Wu S J,et al. Evaluation of long-term performance of anti-icing asphalt pavement[J]. Constructure and Building Material,2015,84:277-283.

[5] Wang Z J,Zhang T,Shao M Y,et al. Investigation on snow-melting performance of asphalt mixtures incorporating with salt-storage aggregates[J]. Construction and Building Materials,2017,142:187-198.

[6] Hassan Y,Abd El Halim A O,Razaqpur A G,et al. Effects of runway deicer on pavement materials and mixes:comparison with road salt[J]. Journal of Transportation Engineering,2002,128(4):385-391.

[7] Feng D C,Yi J Y,Wang D S,et al. Impact of salt and freeze-thaw cycles on performance of asphalt mixtures in coastal frozen region of China[J]. Cold Regions Science and Technology,2010,62:34-41.

[8] Luo Y F,Zhang Z Q,Cheng G L,et al. The deterioration and performance improvement of long-term mechanical properties of warm-mix asphalt mixtures under special environmental conditions[J]. Construction and Building Materials,2017,135:622-631.

[9] 陈华梁,沙爱民,蒋玮,等. 盐-湿-热循环条件下沥青混合料的力学行为特性[J]. 公路交通科技,2016,33(12):42-47.

[10] 张苛,张争奇. 含盐高湿环境沥青混合料力学特性的劣化[J]. 华南理工大学学报(自然科学版),2015,43(08):106-112.

[11] Tarefder R,Faisal H,Barlas G. Freeze-thaw effects on fatigue life of hot mix asphalt and creep stiffness of asphalt binder[J]. Cold Regions Science and Technology, 2018, 153: 197-204.

[12] 郑霜杰,刘凤鸣,李应成,等. 盐溶液与高温耦合作用下沥青混合料性能衰变规律及防治措施[J]. 公路工程,2017,42(05):140-148,182.

[13] 王岚,弓宁宁,邢永明. 盐冻融循环对沥青混合料性能的影响因素研究[J]. 功能材料,2016,47(04):4088-4093.

[14] 常睿,郝培文. 盐冻融循环对沥青混合料低温性能的影响[J]. 建筑材料学报,2017,20(03):481-488.

[15] 王岚,王宇. 盐冻破坏下沥青混合料的抗裂性能及影响因素[J]. 建筑材料学报,2016,19(04):773-778.

[16] Moraes R,Velasquez R,Bahia H U. Measuring the effect of moisture on asphalt-aggregate bond with the bitumen bond strength test[J]. Transportation Research Record:Journal of the Transportation Research Board,2011,2209:70-81.

[17] Graziani A,Virgili A,Cardone F. Testing the bond strength between cold bitumen emulsion composites and aggregate substrate[J]. Materials and Structures,2018,51(14):1-11.

[18] Yan C Q,Huang W D,Lv Q. Study on bond properties between RAP aggregates and virgin asphalt using binder bond strength test and Fourier transform infrared spectroscopy[J]. Construction and Building Materals,2016,124:1-10.

[19] Zhang J Z,Airey G D,Grenfell J R A. Experimental evaluation of cohesive and adhesive bond strength and fracture energy of bitumen-aggregate systems[J]. Materials and Structures,2016,49:2653-2667.

[20] Xie J,Chen Z W,Pang L,et al. Implementation of modified pull-off test by UTM to investigate bonding characteristics of bitumen and basic oxygen furnace slag(BOF)[J]. Construction and Building Materals,2014,57:61-68.

[21] Sara A,Inge H,Carl C T,et al. Laboratory testing methods for evaluating the moisture damage on the aggregate-asphalt system[J]. RILEM Bookseries,2015,11:533-543.

[22] Liu C J,Deng H W,Zhao H T,et al. Effects of freeze-thaw treatment on the dynamic tensile strength of granite using the Brazilian test[J]. Cold Regions Science and Technology,2018,155:327-332.

[23] Pang L,Zhang X M,Wu S P,et al. Influence of water solute exposure on the chemical evolution and rheological properties of asphalt[J]. Materials,2018,11(983):1-17.

[24] Guo Q L,Li L L,Cheng Y C,et al. Laboratory evaluation on performance of diatomite and glass fiber compound modified asphalt mixture[J]. Materials and Design,2015,66:51-59.

[25] Wei H B,Jiao Y B,Liu H B. Effect of freeze-thaw cycles on mechanical property of silty clay modified by fly ash and crumb rubber[J]. Cold Regions Science and Technology,2015,116:70-77.

[26] Wei H B,He Q Q,Jiao Y B,et al. Evaluation of anti-icing performance for crumb rubber and diatomite compound modified asphalt mixture[J]. Construction and Building Materials,2016,107:109-116.

[27] 肖庆一,胡海学,王丽娟,等. 基于表面能理论的除冰盐侵蚀沥青矿料界面机理研究[J]. 河

北工业大学学报,2012,41(04):64-68.

[28] Gong X B, Romero P, Dong Z J,et al. Investigation on the low temperature property of asphalt fine aggregate matrix and asphalt mixture including the environment factors[J]. Construction and Building Materials,2017,156:56-62.

[29] Shakiba M,Darabi M K,Al-Rub R K A,et al. Microstructural modeling of asphalt concrete using a coupled moisture-mechanical constitutive relationship[J]. International Journal of Solid and Structures,2014,51:4260-4279.

[30] Kringos N,Scarpas A,de Bondt A. Determination of moisture susceptibility of mastic-stone bond strength and comparison to thermodynamical properties[J]. Journal of the Association of Asphalt Paving Technology,2008,77:475-478.

[31] 李根森,张豫川,高飞,等. 基于氯盐冻融条件下沥青结合料性能的研究[J]. 石油沥青, 2017,31(6):14-17.

[32] Moraes R, Velasquez R, Bahia H. Using bond strength and surface energy to estimate moisture resistance of asphalt-aggregate systems[J]. Construction and Building Materials, 2017,130:156-170.

[33] Huang W D, Lv Q, Xiao F P. Investigation of using binder bond strength test to evaluate adhesion and self-healing properties of modified asphalt binders[J]. Construction and Building Materials,2016,113:49-56.

[34] 王岚,贾永杰,张大伟,等. 基于表面能理论研究盐冻循环对沥青-矿料界面粘附性的影响 [J]. 复合材料学报, 2016, 33(10): 2380-2389.

第4章 沥青混凝土级配组成的图像识别推测方法

4.1 体视学转换方法

4.1.1 球型粒子体视学推测理论

美国学者 Masad 使用弗雷特直径(Feret diameter)区分各粒径集料[1]。对数字图像进行级配分析时,首先要确定筛孔直径的确定方法。截面上的颗粒只是集料的某一随机切面,不是真实的三维集料颗粒,因此不能简单地直接用于分析沥青混合料的级配分布。吴文亮等[2]运用体视学方法对沥青混合料的粗集料级配进行了识别研究,针对 2.36mm 以上的粗集料所构成的级配结构进行了讨论,并且运用等间距分组的方法进行体视学换算处理,将面积级配转换为体积级配或质量级配,收到了较好的效果。但是仅对粗集料级配进行识别还不足以用来评价混合料的整体级配,因此,尽可能多地了解沥青混合料的级配情况具有至关重要的作用。以往对沥青混合料数字图像的处理中,没有考虑集料粘连而直接对面积级配进行统计分析。集料的粘连会造成所统计的面积级配的通过率小于设计级配的通过率,因此本章采用对数等间距分组方法,在尽量兼顾粗细集料的前提下,对分水岭分割后的混合料图像进行级配统计分析。

体视学是一门交叉性科学,主要用于处理从高维组织获取截面得到低维测量结果再用于评价高维组织的组成信息的问题。三维结构的二维截面图像丢失了很多真实结构的信息,但仍有大量信息隐含其中。体视学的作用即在于复原二维图像分析结果中隐含的三维定量信息。

体视学颗粒尺寸关系多应用于多相分散系统。一般假设,颗粒随机分布,颗粒形状为各向异性(除球外的任意形状),颗粒取向随机,颗粒为凸型粒子,所选取的测试面随机取向。颗粒通常采用规则几何形状(如圆形)进行简化。

随机截面切过一个球,所得到的截面一定是一个圆,这个圆的直径大小取决于截面距球心的距离,此时设球的直径为 $D=2R$,截面圆的直径为 $d=2r$,截面距球心的距离为 x,如图 4.1 所示。

R、r、x 三者之间的关系为

$$r(x)=R^2-x^2 \tag{4-1}$$

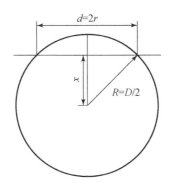

图 4.1　截面圆直径 D 和截面距离球心关系

当随机截面截过球时,截面通过 x 的概率密度 $p(x|R)$ 是

$$p(x|R)=1/R \tag{4-2}$$

根据概率论知识可以得到,随机截面截过直径为 $D=2R$ 的球粒子所截出的截面圆直径为 $d=2r$ 的概率密度 $p(r|R)$ 与 $p(x|R)$ 的关系为

$$p(r|R)=p(x|R) \cdot \left| \frac{\mathrm{d}x}{\mathrm{d}r} \right| \tag{4-3}$$

$$\left| \frac{\mathrm{d}x}{\mathrm{d}r} \right| - \frac{r}{(R^2-r^2)^{1/2}} \tag{4-4}$$

因此有

$$p(r|R)=\frac{r}{R\,(R^2-r^2)^{1/2}} \tag{4-5}$$

显然,随机截面截出的截面圆半径位于 $r \sim (r-\Delta r)$ 范围的概率为

$$\Pr(r<r_j<r-\Delta r)=\int_{r-\Delta r}^{r} p(r\mid R)\mathrm{d}r$$

$$=\frac{1}{R}\big[(R^2-(r-\Delta r)^2)^{1/2}-(R^2-r^2)^{1/2}\big] \tag{4-6}$$

所得的截面圆的半径在 $0 \sim R$ 的范围内,这是全概率事件,因此

$$\int_{0}^{R} p(r\mid R)\mathrm{d}r=1 \tag{4-7}$$

$p(r|R)$-r 的关系如图 4.2 所示。$r=0$ 时概率密度 $p(r|R)$ 为 0。随着半径增大,概率密度迅速增大。当 $r=R$ 时,概率密度以直线 $r=R$ 为渐近线而趋向于无穷大。实际上这一函数往往以直方图形式表示出来,即画出截面圆半径在各个均等 Δr 内的概率直方图,半径为 R 的球,随即截出截面圆半径在 $r \sim (r-\Delta r)$ 范围内的概率显然是

$$\Pr(r|R)=\frac{\Delta x}{R} \tag{4-8}$$

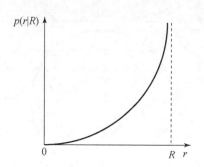

图 4.2　半径为 R 的球随机截出截面圆半径为 r 的概率密度函数

对于多粒径粒子系统,设粒子的尺寸分布是连续的,以 R 表示球形粒子的半径,它的概率密度函数为 $F(R)$,球形粒子在空间的数量密度为 N_V,则半径为 R 的球的空间的数量密度为

$$N_V(R) = N_V F(R) \tag{4-9}$$

并且有

$$\int_0^{R_{\max}} N_V(R)\,\mathrm{d}R = N_V \tag{4-10}$$

假设截面圆尺寸也是连续分布的,以 r 表示截面圆的半径,它的概率函数为 $f(r)$,截面圆的数量密度为 N_A,则半径为 r 的截面圆的数量密度为

$$N_A(r) = N_A f(r) \tag{4-11}$$

$$\int_0^{r_{\max}} N_A(r)\,\mathrm{d}r = N_A \tag{4-12}$$

$R_{\max}$ 是最大的截面圆半径,当所选的截面足够多时,总能找到从球心切过的截面。半径为 R 的球在截面上得出所有截面的数量密度为 $N_A(R) = N_V(R) \cdot 2R$,半径为 R 的球截出截面圆半径为 r_j 的截面数量密度为

$$\begin{aligned} N_A(j,i) &= N_A(R_i) p(r_j \mid R_i) \\ &= 2N_V(R_i) R p(r_j \mid R_i) \end{aligned} \tag{4-13}$$

式中,$p(r_j \mid R_i)$ 表示半径为 R_i 的球截出半径为 r_j 的截面圆的概率;$N_A(R_i)$ 指半径为 R_i 的球截出的所有截面的数量密度,这个值不能通过测量得到。$N_A(r_j)$ 则可以从截面上直接统计得到,它是指所有半径大于 r_j 的球对截面圆的总的贡献。由于无法判别截面圆是由哪一种半径的球截出的,$N_A(j,i)$ 也无法从截面上获得,故有

$$\begin{aligned} N_A(r_j) &= \int_{R=r_j}^{R_{\max}} N_A(j,i)\,\mathrm{d}R_i \\ &= 2\int_{R=r}^{R_{\max}} N_V(R) R p(r \mid R)\,\mathrm{d}R \end{aligned}$$

$$= 2 \int_{R=r}^{R_{\max}} N_V(R) \cdot \frac{r}{(R^2 - r^2)^{0.5}} dR \qquad (4\text{-}14)$$

若把球粒子按尺寸分成 n 组，它们的组距为 Δ，第 i 组的尺寸范围为 $(i-1)\Delta \sim i\Delta$，按每一组的尺寸范围积分后相加得到

$$N_A(j) = \int_{(i-1)\Delta}^{i\Delta} 2 \left[R^2 - (j-1)^2 \Delta^2 \right]^{1/2} N_V(R) dR +$$

$$\sum_{j+1}^{n} \int_{(i-1)\Delta}^{i\Delta} 2\{ \left[R^2 - (j-1)^2 \Delta^2 \right]^{1/2} - (R^2 - j^2 \Delta^2)^{1/2} \} N_V(R) dR \qquad (4\text{-}15)$$

这样就得到了球形粒子系统空间尺寸分布和截面上截面圆尺寸分布的关系。

4.1.2　其他典型粒子体视学理论

工程中所用的矿质集料均为不规则的级配碎石，采用理论方法直接描述集料形状具有较大的难度，常用的做法是根据形状参数对集料进行适当简化，从而实现对集料形状的近似模拟[3]。因此，本章研究中分别将集料假设为球形、椭球形、长方体和立方体颗粒，进而分析集料形状假设对沥青混凝土级配识别结果的影响。对于单一粒径的颗粒系统，若颗粒被剖切，将得到一系列不同的截面，如图 4.3 所示。

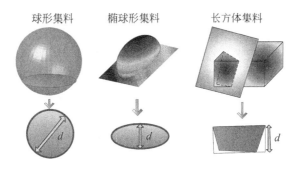

图 4.3　不同形状颗粒剖切示意图

假设颗粒的体积数量密度为 N_V，颗粒的平均粒径为 $\bar{D}$，截面的面积数量密度为 N_A，则有如下体视学关系[4]：

$$N_V = \frac{N_A}{\bar{D}} \qquad (4\text{-}16)$$

沥青混凝土所用的集料为多尺度级配碎石，因此可以将整个级配看作一个多级粒子系统，并按照集料粒径从大到小将这些集料分为 n 组，每组颗粒的平均粒径分别为 $\bar{D_1}, \bar{D_2}, \cdots, \bar{D_n}$，为了便于表示，假设最大尺寸组内的颗粒的体积数量密度为

N_{V1}，颗粒截面位于最大尺寸组内的概率假设为 P_1，在截平面内观测得到的位于最大尺寸组内的截面的面积数量密度假设为 N_{A1}，根据体视学基本理论可得

$$N_{A1} = N_A P_1 \tag{4-17}$$

$$N_{A1} = N_{V1} \overline{D_1} P_1 \tag{4-18}$$

对于次大组内的颗粒截面，这些截面可能是切割本组内颗粒得到的，也可能是切割更大尺寸的颗粒得到的，因此可以得到

$$N_{A2} = N_{V2} \overline{D_2} P_1 + N_{V1} \overline{D_1} P_2 \tag{4-19}$$

依此类推，便可建立如下关系：

$$N_{Ai} = \sum_{j=1}^{i} N_{V(i-j+1)} \overline{D_{(i-j+1)}} P_j \tag{4-20}$$

式中，N_{Ai} 为截面尺寸位于第 i 组的截面的面积数量密度；$N_{V(i-j+1)}$ 为第 $(i-j+1)$ 组的颗粒的体积数量密度；$\overline{D_{(i-j+1)}}$ 为第 $(i-j+1)$ 组内颗粒的平均粒径，在本章研究中，采用分组后筛孔尺寸上下界中值作为颗粒的平均粒径；P_j 为所截得到的所有截面中，截面尺寸位于第 j 组的截面出现的概率。式（4-20）即为所建立的平面组成信息与三维组成信息之间的体视学转换关系。为了从沥青混凝土截面组成信息推测其三维级配组成，将式（4-20）改写为

$$N_{Vi} = \frac{1}{P_1 \overline{D_i}} \left(N_{Ai} - \sum_{j=1}^{i-1} N_{V(i-j)} \overline{D_{(i-j)}} P_{j+1} \right) \tag{4-21}$$

式中，N_{Ai} 可以通过分析沥青混凝土截面图像的求得。一旦分组确定，$\overline{D_{(i-j)}}$ 也随之确定。此时问题就转化为颗粒截面尺寸分布概率 P_{j+1} 的求解。因此，只需确定 P_{j+1} 便可以根据图像分析结果确定各组集料的体积数量密度，进而根据假设的集料形状求得集料的体积级配或质量级配。

4.2　颗粒截面尺寸分布概率的求解

根据 Mora[5] 提出的方法确定集料的平均厚度指数、长宽比和筛孔修正系数。由于图像采集精度限制，形状参数分析针对 1.18mm 以上的颗粒进行。获得形状参数后便可以根据筛孔分组情况和集料假设确定集料尺寸。

对于球形颗粒假设，颗粒截面尺寸分布概率可以采用理论方法确定[2]。而对于椭球形、长方体和立方体颗粒则需借助数值方法求解[4]。根据筛孔尺寸和图 4.4 所示原理可以确定球形、椭球形、长方体和立方体的几何尺寸。

对于椭球颗粒，可近似采用如下关系描述筛孔尺寸：

$$筛孔尺寸 = C \cdot 集料投影短轴长度 \tag{4-22}$$

式中，C 为筛孔修正系数，可以通过对集料投影图像的分析获得，然后再通过厚度

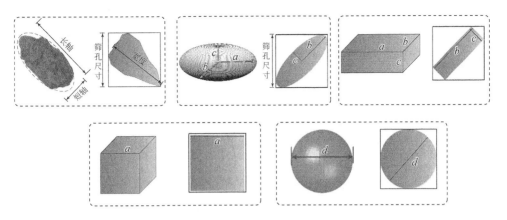

图 4.4 不同集料过筛示意图

系数和长宽比确定其他方向的尺寸。

对于长方体颗粒,存在如下关系:

$$b+c=\sqrt{2}\times 筛孔尺寸 \tag{4-23}$$

式中,b 和 c 为长方体的宽度和高度,通过厚度系数可以建立 b 和 c 之间的关系,从而确定 b 和 c,再根据长宽比便可确定出长方体颗粒的长度 a。

对于立方体和球形颗粒,可直接通过筛孔尺寸确定颗粒尺寸。运用数值程序进行颗粒剖切,通过统计截面尺寸分析尺寸分布概率 P_i:

$$P_i=\frac{N_{\overline{D_{i+1}}\leqslant d<\overline{D_i}}}{N_{\text{all}}} \tag{4-24}$$

式中,$N_{\overline{D_{i+1}}\leqslant d<\overline{D_i}}$ 为颗粒所截截面尺寸位于 $D_{(i+1)}$ 和 $\overline{D_i}$ 之间的截面数量;N_{all} 为所有截面的数量。基于蒙特卡罗方法编制了集料颗粒的随机切割程序,将集料参数作为输入数据,根据形状假设计算颗粒尺寸,生成随机切面对颗粒进行剖切,计算截面尺寸分布概率。为了确保结果的准确性和可靠性,数值运算的次数为 10^6 次。

沥青混凝土材料性质的好坏直接影响沥青路面的使用性能[6],对沥青混凝土材料结构特征的研究有助于控制其材料性质[7]。空隙率、矿料间隙率等指标是对混凝土材料结构的一种间接反映[8,9],而内部集料的分布排列则是对材料结构的直接反映,但是这些直接特征无法通过传统的试验方法获得,需要借助其他技术进行分析。Yue 等[10,11]采用相机拍摄沥青混凝土截面照片,借此分析集料级配的差异和粗集料的取向特征,但受限于技术水平,分析精度不高。Masad 等[1]采用图像技术研究了压实成型方式对集料分布规律的影响,认为数字图像处理技术可作为评价沥青混凝土集料是否形成嵌挤骨架的一个有力手段[12,13]。张蕾[14]采用图像技术研究了沥青混凝土内部组成特性。研究表明,细观指标评价高温抗车辙能力和抗水损害性能具有可行性。沙爱民等[15]运用图像处理技术进行级配识别,研究表明采用图像对比度拉伸和滤波方法可以有效地去除图像采集时产生的瑕疵。纵观研究现状不难看出,虽然数字图像处理技术在沥青混凝土性能研究中得到了广泛应用,但沥青混凝土图像易受噪声影响产生灰度分布不连续的现象。间断级配混凝土图像具有较好的区分度,集料粘连相对较少;而密级配图像则由于细集料含量较多,产生大量的集料粘连,导致图像区分度下降。对粘连集料进行分割,还原集料本来的几何形状,是统计级配特征信息的前提。以往腐蚀膨胀的形态学方法需要进行多次操作,这会严重损失集料的形状信息。传统研究中,一般采用沥青抽提的方法对沥青混合料的级配进行评价,这种方法不仅费时费力,而且操作过程相对繁冗[16]。随着数字图像处理技术的发展,数字图像处理方法逐渐用来探究沥青混合料的级配。

采用数字图像对集料级配进行识别主要有两种方法。一种是利用集料的投影图像对集料的级配进行推测[5,17]。另一种则是利用沥青混凝土的截面图像直接评价集料的级配组成[18,19]。实际上,沥青混凝土截面图像是三维结构组成的一个局部反映,就截面中某一集料截面而言,该截面可能来自同尺寸的集料所截得到的截面,也可能来于更大尺寸的集料所截得到的截面,不同集料颗粒经过切割得到的截面之间存在一定的交叉影响[2]。因此,有学者提出利用体视学方法对平面级配进行体视学转换,采用转换后的级配评价集料的级配组成情况;同时,采用形状修正系数对结果进行修正,修正后的级配则与试验级配具有较好的一致性[20-22]。可见,体视学方法是一种推测沥青混凝土三维真实级配的准确方法。根据以上分析可以看出,集料形状假设会影响级配识别结果。虽然可以借助修正系数进行修正,但对集料形状的影响规律的研究还有待进一步深入。对集料形状影响规律进行分析,有助于认识集料形状假设对体视学转化的影响规律和从理论层面确定合理的集料形状,从而对沥青混凝土级配做出快速而准确的评价。

4.3　密级配沥青混凝土级配推测与验证

本节以 AC-13 型级配作为试验级配,选用两种不同产地的集料进行试验,制备厚度为 100mm 的标准车辙板试件。对车辙板试件进行切割,得到沥青混凝土截面。利用扫描方法获取截面图像,图像实际尺寸为 300mm×100mm。为了获取集料参数以验证本章方法的适用性,按照现行的集料试验规程[23]称取相应质量的集料,采用 CCD 数码相机采集集料投影图像。按照文献[24]的图像处理方法对数字图像进行处理,采用二值图像进行级配和参数分析。对集料投影面积、外接椭圆的长、短轴进行统计分析,并以截面外接椭圆短轴作为控制尺寸,确定沥青混凝土的面积级配和每挡内集料的面积数量密度。对集料面积数量密度进行体视学转换得到集料颗粒的空间数量密度,根据形状假设和试件体积确定每一组内集料的体积和质量,并最终确定集料级配。

4.3.1　集料几何参数统计分析

对两种不同产地集料的投影图像进行图像处理和统计分析,得到集料的厚度参数、长宽比和筛孔修正系数结果见表 4.1。

表 4.1　集料几何参数

筛孔尺寸 /mm	筛孔修正系数		厚度参数		长宽比	
	1#	2#	1#	2#	1#	2#
16.00	0.84	0.81	0.33	0.30	1.36	1.32
13.20	0.85	0.79	0.34	0.35	1.38	1.45
9.50	0.87	0.86	0.31	0.38	1.46	1.62
4.75	0.86	0.82	0.25	0.40	1.52	1.33
2.36	0.91	0.77	0.22	0.32	1.48	1.50
1.18	0.84	0.88	0.32	0.31	1.48	1.28
平均值	0.86	0.82	0.29	0.34	1.45	1.42

由表 4.1 可以看出,不同产地的集料的几何参数略有不同,但没有太大变化,说明不同产地的破碎集料具有类似的形状。从两种集料的长宽比参数统计分析结果可以看出,集料实际形状并非接近球形,而呈现扁长形。因此,采用球形集料假设不能准确地反映集料的实际形状,可能会导致级配识别的较大误差。

4.3.2　截面尺寸分布概率对比分析

为了便于求解体视学转化系数,采用集料几何参数平均值作为基本参数,根据前文所述方法确定颗粒尺寸。同时为了兼顾粗细集料,采用几何分组方法对集料进行分组,共分为 17 组,18 种筛孔尺寸为 16.00mm、11.76mm、8.64mm、6.35mm、4.67mm、3.42mm、2.52mm、1.85mm、1.36mm、1.00mm、0.74mm、0.54mm、0.40mm、0.29mm、0.21mm、0.16mm、0.12mm、0.09mm。为了分析集料形状对截面尺寸分布概率的影响,以最大组集料为例,进行数值切割运算,得到不同形状假设下的截面尺寸分布概率,如图 4.5 所示。

由图 4.5 可以看出,不同形状假设下,截面尺寸分布的概率明显不同。说明集料形状假设对集料切割后得到的截面分布情况具有显著影响。立方体集料与球形集料切割后得到的截面尺寸分布情况大致相似。椭球形集料与长方体集料切割后

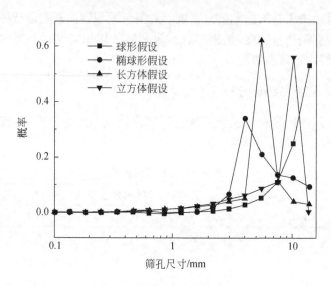

图 4.5 截面尺寸分布概率

得到的截面尺寸分布则存在明显差异,并且椭球形假设与球形假设下所得的概率分布情况相差较大。根据体视学理论可知,截面尺寸分布概率的差异必然会导致级配转化结果的差异性。

4.3.3 级配推测精度的验证

为了确定集料形状假设对沥青混凝土级配识别结果的影响,同时验证本章所提出的方法的有效性并确定最佳的形状假设,借助体视学理论和数字图像处理方法对沥青混凝土的级配进行推测,结果如图 4.6 所示。由于几何分组较多,而实际所用的级配是依据筛分试验确定的,在试验级配数据基础上,根据分组情况采用线性内插的方法确定相应的试验值。

观察图 4.6 可以看出,集料形状假设对级配识别结果具有显著影响。其中,长方体与立方体集料假设下获得的推测结果与试验结果差异巨大,说明这两种假设不能用于级配的体视学转换。球形假设与椭球形假设下获得的推测结果与试验结果较为接近,对比两种不同集料的识别结果不难发现,采用椭球形假设可以获得更准确的识别级配,此时的识别结果不需修正便能与试验级配基本吻合。这说明在本章所探讨的情形中,椭球形集料是最宜用于体视学转换的一个集料形状。但是当集料粒径小于 0.15mm 时,推测结果与试验结果则相差较大,这主要是因为受到了沥青混凝土切面加工质量和图像采集精度的限制。对比图 4.6(a)和图 4.6(b)可以看出,对于不同集料,采用椭球形假设识别的结果均具有较好的精度,说明本

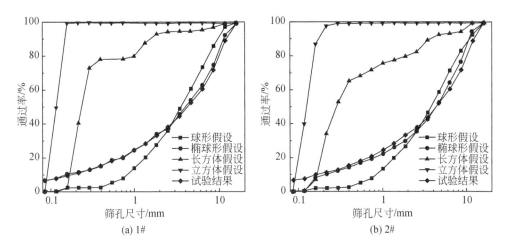

图 4.6　级配识别结果

章方法具有较好的稳定性和准确性。因此,在椭球形假设下,体视学转换方法能够准确推测绝大多数粗细集料的级配组成情况,并具备较好的适用性。

参 考 文 献

[1] Masad E,Muhunthan B,Shashidhar N,et al. Aggregate orientation and segregation in asphalt concrete[C]. Proceedings of Sessions of Geo-Congress 98. Reston,1998:69-80.

[2] 吴文亮,王端宜,张肖宁,等. 沥青混合料级配的体视学推测方法[J]. 中国公路学报,2009, 22(5):29-33.

[3] Dai Q,Sadd M H,You Z. A micromechanical finite element model for linear and damage-coupled viscoelastic behavior of asphalt mixture[J]. International Journal for Numerical and Analytical Methods in Geomechanics,2006,30:1135-1158.

[4] Sahagian D L,Proussevitch A A,3D particle size distributions from 2D observations: stereology for natural applications[J]. Journal of Volcanology and Geothermal Research, 1998,84:173-196.

[5] Mora C F,Kwan A K H,Chan H C. Particle size distribution analysis of coarse aggregate using digital imageprocessing[J]. Cement and Concrete Research,1998,28(6):921-932.

[6] 邓学钧. 路基路面工程(第二版)[M]. 北京:人民交通出版社,2005.

[7] 张登良. 沥青路面[M]. 北京:人民交通出版社,1999.

[8] 严家伋. 道路建筑材料(第三版)[M]. 北京:人民交通出版社,2002.

[9] 熊锐,陈拴发,关博文. 冻融腐蚀作用下沥青混合料耐久性影响因素的灰熵分析[J]. 公路交通科技,2013,30(1):28-32.

[10] Yue Z Q,Bekking W,Morin I. Application of digital Image processing to quantitative study

of asphalt concrete microstructure [J]. Transportation Research Record,1995,1492:53-60.

[11] Yue Z Q, Morin I. Digital image processing for aggregate orientation in asphalt concrete mixtures[J]. Canadian Journal of Civil Engineering,1996,23(2): 479-489.

[12] Tashman L, Masad E, Peterson B, et al. Internal structure analysis of asphalt mixes to improve the simulation of superpave gyratory compaction to field conditions[J]. Journal of the Association of Asphalt Paving Technologists,2001,70: 605-645.

[13] Masad E, Button J. Implications of experimental measurements and analyses of the internal structure of HMA ［J］. Journal of the Transportation Research Board, 2004, 1891: 212-220.

[14] 张蕾. 基于细观分析的沥青混合料组成结构研究[D]. 哈尔滨:哈尔滨工业大学,2008.

[15] 沙爱民,王超凡,孙朝云. 一种基于图像的沥青混合料矿料级配检测方法[J]. 长安大学学报(自然科学版),2010,30(5):1-5.

[16] 中华人民共和国交通运输部. 公路工程沥青及沥青混合料试验规程(JTG E20—2011) [S]. 北京:人民交通出版社,2011.

[17] 汪海年,郝培文,庞立果,等. 基于数字图像处理技术的粗集料级配特征[J]. 华南理工大学学报(自然科学版),2007,35(11): 54-62.

[18] Bruno L, Parla G, Celauro C. Image analysis for detecting aggregate gradation in asphalt mixture from planarimages[J]. Construction and Building Materials,2012,28(1): 21-30.

[19] Vadood M, Johari M S, Rahaei A R. Introducing a simple method to determine aggregate gradation of hot mix asphalt using imageprocessing[J]. International Journal of Pavement Engineering,2014,15: 142-150.

[20] Dai Q, Sadd M H, You Z. A micromechanical finite element model for linear and damage-coupled viscoelastic behavior of asphaltmixture[J]. International Journal for Numerical and Analytical Methods in Geomechanics,2006,30: 1135-1158.

[21] 郝文化. MATLAB图形图像处理应用教程[M]. 北京:中国水利水电出版社, 2004.

[22] Vincent L, Soill E P. Watersheds in digital spaces:An efficient algorithm based on immersion simulations[J]. IEEE Transaction on Pattern Analysis and Machine Intelligence,1991,13(6): 583-598.

[23] 中华人民共和国交通部. 公路工程集料试验规程(JTG E42—2005)[S]. 北京:人民交通出版社,2005.

[24] 郭庆林. 沥青混合料内部应力分布及其对黏弹性能的影响研究[D]. 长春:吉林大学,2013.

第 5 章 沥青混合料细观损伤特性的图像评价

5.1 沥青混合料 CT 图像处理技术

沥青混合料在水–温–光循环过程中整体强度降低,根本原因是外界环境的作用导致混合料内部空隙扩展和沥青结合料老化。宏观路用性能试验结果只能反映沥青混合料作为整体抵抗变形、开裂及侵蚀的能力,很难反映沥青混合料内部空隙和裂缝等细观变化。CT 技术的出现为沥青混合料细观破坏机理的研究提供了有力的技术支持。CT 技术利用精确准直的 X 射线束与灵敏度极高的探测器一同围绕测试体做连续的截面扫描,根据不同成分对 X 射线的吸收与透过率的不同,将光信号转换为数字信号;然后,经数字模拟转换器把数字信号转换为由黑到白不等灰度的像素点,即测试体的截面图像。

近年来,数字图像处理技术被引入沥青混合料研究领域[1,2]。其优势不仅在于非接触、无破损,而且在于能快速全面反映测试体的形态特性以及空间分布。数字图像处理技术具有方便性、经济性、可利用信息量大和形象化存储等方面的优点,其工程应用已成为国际土木工程领域的热门课题。

基于此,本章采用先进的 CT 技术,获取水–温–光循环试验不同阶段沥青混合料细观图像,并借助数字图像处理技术,对沥青混合料内部空隙的变形、扩展过程中的形状特征变化及图像的分形特性进行研究分析。研究结果为剖析混合料破坏物理力学机制提供重要的理论基础,对沥青混合料的设计、性能评价、损伤演化行为识别具有重要的指导意义。

5.2 水–温–光耦合作用下沥青混凝土空隙特征变化规律

沥青混合料试件在水–温–光循环过程中,在动水的冲刷作用下有两方面变化:一方面水分带走部分细集料和剥落的沥青结合料,使微小空隙不断扩展或相邻空隙产生连通;另一方面水分逐渐置换集料表面的沥青薄膜,增加沥青剥落的概率。此外,高温辐射作用会加速沥青的老化,降低其黏附性以及变形能力;动水冲刷与高温辐射的交替作用会使材料内部产生不均匀变形,从而增大对试件内部薄弱部分的破坏。正是以上环境因素的共同作用,导致混合料空隙率不断增大。因此,在分析沥青混合料水-温-光损伤行为时,空隙特征是一个关键性因素。本章基于空隙特征对沥青混合料水-温-光损伤特性展开研究。

5.2.1　沥青混合料空隙图像提取方法

在水-温-光损伤前后对沥青混合料试件进行 CT 射线扫描时,虽然控制条件完全相同,但是受到系统误差的影响,很难将截面图像精确地接近于试验前的初始位置。因此,为了尽量减小测试误差,使图像损伤前后具有可比性,本章采用灰度像素差分析法进行图像的提取。灰度像素差分析法,即提取损伤前后沥青混合料图像的灰度像素值,将两者做差分析前后图像的可比性。灰度像素差值越接近 0,说明沥青混合料前后图像提取的位置越接近,其可比性越高。

损伤前沥青混合料图像如图 5.1(a)所示,经过水-温-光损伤后图像为图 5.1(b)与图 5.1(c)。可以看出,图像 I 和图像 II 与原图都有一定的差距,很难分辨出两者与原图像的匹配程度。因此,需要采用灰度差分析法进行分析比较。三幅图像灰度分布与灰度像素差如图 5.2 所示。

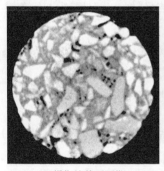 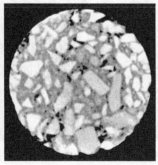 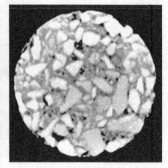

(a)损伤前截面图像　　　　　　(b)损伤后截面图像 I　　　　　　(c)损伤后截面图像 II

图 5.1　沥青混合料水-温-光损伤前后图像

由图 5.2 可以看出,通过沥青混合料图像灰度分布很难判断图像 I、图像 II 与原图像的匹配程度。但是,通过比较两者与原图像的灰度像素差可以明显看出,图像 II 与原图像的灰度像素差的离散性要明显大于图像 I,所以可以认为图像 I 相对于图像 II 与原图像更有可比性。如果通过直观观察很难判断图像的离散性大小,可通过灰度像素差的数量关系来确定图像的匹配程度。损伤后图像与原图像的灰度像素差的绝对值之和越大,说明两者匹配程度越差;反之,说明两者匹配程度越好。

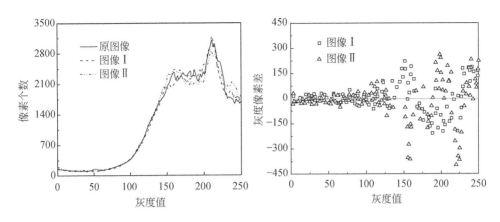

图 5.2 沥青混合料图像灰度分布与灰度像素差

5.2.2 沥青混合料空隙图像形状特征

空隙参数的变化可以有效地反映不同损伤阶段沥青混合料性质的变化,研究者已经成功地运用空隙率、空隙数量的变化来评价沥青混合料的微观损伤。但是,仅从空隙率及空隙数量的角度出发并不足以揭示沥青混合料水-温-光损伤的实质,这是因为具有相同空隙率的试件可能是由较少的大型空隙或较多的小型空隙组成的,这两个试件在外界环境影响下的失效时间与过程是不同的,大型空隙在外力作用影响下更容易诱发较大的应变,相对于小尺寸空隙更容易早期失效。

形状特征是非常重要的空隙属性。本节在研究沥青混合料截面空隙分数(air voids fraction,AVF)、平均空隙尺寸(average air voids size,AAVS)的基础上,定义圆形率(C)、圆度(R)和纵横比(AR)等概念,来评价沥青混合料在水-温-光循环过程中空隙形状特性的变化。各评价指标表达式如式(5-1)~式(5-5)所示,图 5.3 根据数学定义阐明空隙的图形形状特征。

$$\text{AVF} = \frac{A_V}{A_0} \times 100\%\tag{5-1}$$

$$\text{AAVS} = \frac{A_V}{N}\tag{5-2}$$

$$C = \frac{4\pi A}{P^2}\tag{5-3}$$

$$R = \frac{4A}{\pi a_L^2}\tag{5-4}$$

$$AR = \frac{a}{b} \times 100\% \tag{5-5}$$

式中，A_V 为截面空隙面积；A_0 为截面总面积；N 为截面空隙个数；A 为单个空隙面积；P 为单个空隙周长；a_L 为空隙长轴长；a 为空隙纵轴长；b 为空隙横轴长。

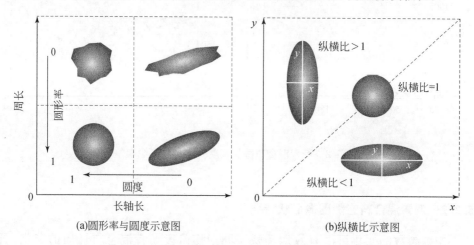

(a)圆形率与圆度示意图　　　　　　　(b)纵横比示意图

图 5.3　沥青混合料空隙截面形状特征示意图

5.2.3　空隙形状特征计算结果及讨论

　　沿试件高度方向自上而下每隔 0.3mm 提取一个截面，共提取 20 个截面，按顺序进行编号，然后根据式(5-1)～式(5-5)对各图像的空隙分数、平均空隙尺寸、圆形率、圆度和纵横比等 5 个空隙形状特征进行计算分析，各组试件空隙形状特征变化见表 5.1。

　　将图像信息较为完整的 AC-16 级配 3♯ 试件和 OGFC-16 级配 2♯ 试件进行比较分析，对两组试件 20 次水-温-光循环后图像与损伤前图像的空隙形状特征进行提取计算，如图 5.4 所示。

　　由表 5.1 和图 5.4 可以看出：

　　(1)在 20 次水-温-光循环后，沥青混合料截面图像空隙分数与平均空隙尺寸显著增大；AC-16 级配沥青混合料试件增大幅度要明显大于 OGFC-16 级配；就单个试件而言，试件顶部区域(截面 1～截面 7)相对于试件底部区域(截面 14～截面 20)空隙分数与平均空隙尺寸的增大更明显。这是由于动水的冲蚀以及温度的骤变会使试件内部的空隙不断增加、扩张和连通，动水的流向是自上而下的，沥青混合料试件复杂的内部结构以及水流中细小颗粒的阻力导致水流流动速度逐渐减小，对试件的底部区域的破坏也相对减弱。OGFC-16 级配沥青混合料试件相对于

表 5.1　20 次水-温-光循环后沥青混合料截面空隙形状特征变化

各截面空隙形状特征变化率/%

试件	形状特征	1	2	3	4	5	6	7	8	9	10	11	12	13	14	15	16	17	18	19	20
AC-16-1#	AVF	17.3	19.7	21.6	—	10.2	4.8	13.2	9.3	12.7	5.3	8.1	7.7	-1.6	6.2	4.5	0.0	—	0.6	0.1	0.7
	AAVS	23.6	17.8	20.3	—	22.9	16.5	13.3	14.8	16.9	10.4	12.7	13.2	15.2	9.7	1.2	6.8	—	7.7	8.5	4.6
	C	8.7	5.3	7.6	—	6.3	8.3	-5.7	3.2	4.8	4.3	0.7	-3.4	-1.2	2.7	2.2	4.1	—	4.0	1.3	3.5
	R	13.0	10.7	7.6	—	-7.2	9.5	5.5	7.0	-2.1	7.8	6.3	4.7	2.7	2.2	5.7	-1.1	—	3.7	-1.2	1.7
	AR	-10.1	-19.5	12.7	—	-13.2	5.7	-11.6	7.9	-15.8	-6.7	-7.3	-8.6	0.4	-6.2	-1.7	5.9	—	-6.3	1.8	6.1
AC-16-2#	AVF	20.3	19.2	10.8	12.6	17.5	16.0	13.3	9.2	11.4	4.1	1.8	10.2	7.3	3.7	—	-2.3	0.4	4.8	6.3	4.2
	AAVS	15.9	18.3	17.2	20.4	15.5	19.0	10.7	11.8	8.2	5.3	7.2	9.1	3.2	7.3	—	4.5	6.9	3.7	6.5	4.7
	C	12.1	7.2	11.0	9.3	-4.8	7.4	0.9	6.2	3.8	3.4	7.5	-6.7	4.4	-1.6	—	2.7	5.8	4.3	0.2	-2.3
	R	7.9	9.2	11.3	9.4	6.8	10.3	6.8	-4.2	1.3	5.2	3.7	4.6	-2.1	3.8	—	2.0	0.7	3.4	2.2	2.6
	AR	-12.1	-13.7	-6.4	-11.5	-9.2	4.6	-8.9	-11.7	6.1	-3.7	-9.9	-6.1	7.4	0.5	—	-3.8	-5.5	4.2	-0.6	-5.7
AC-16-3#	AVF	15.5	17.2	12.4	9.1	11.7	18.8	11.2	14.1	8.6	10.9	7.2	4.3	9.5	1.3	6.2	2.8	5.7	3.6	0.1	3.4
	AAVS	17.6	21.4	19.3	23.7	12.6	26.1	15.9	13.2	17.5	9.3	15.4	6.0	11.9	14.6	10.8	0.6	5.5	9.3	5.7	6.8
	C	7.6	6.5	9.2	-4.3	6.8	5.6	4.1	4.2	3.9	5.7	6.5	0.3	4.8	0.8	-4.2	3.5	2.9	4.7	-3.3	1.7
	R	10.8	8.6	9.4	6.2	6.7	8.4	4.3	4.1	-3.3	6.1	6.2	4.1	4.9	-2.6	4.0	0.4	-3.7	6.0	0.2	3.7
	AR	-15.8	-10.5	-14.3	-17.4	-12.8	8.6	-4.1	-13.2	-10.3	-5.7	-12.4	9.1	5.8	-0.5	-7.2	-5.4	-6.9	4.7	-3.2	-0.7

续表

各截面空隙形状特征变化率/%

试件	形状特征	1	2	3	4	5	6	7	8	9	10	11	12	13	14	15	16	17	18	19	20
OGFC-16-1#	AVF	6.7	8.2	9.4	11.3	6.7	-3.4	6.1	8.8	6.0	3.2	4.1	3.2	2.0	5.7	—	—	3.2	5.3	2.6	3.5
	AAVS	13.2	16.7	14.1	12.0	17.5	9.3	10.3	7.9	7.2	11.9	6.4	3.1	-6.1	7.8	—	—	3.2	6.7	3.9	5.8
	C	6.2	6.8	-5.2	6.0	7.2	-4.1	2.9	0.2	1.9	3.4	4.7	0.9	-2.2	3.0	—	—	1.4	2.6	-3.2	2.4
	R	13.6	6.7	10.2	-6.3	11.1	3.2	9.0	5.8	7.5	6.1	0.7	-4.9	7.2	3.5	—	—	-4.1	1.8	1.3	3.2
	AR	-6.3	-8.3	1.2	-4.5	-2.4	-6.1	4.0	-1.9	-0.7	-5.2	-6.1	2.2	-0.4	5.4	—	—	-6.7	-2.8	3.1	-4.7
OGFC-16-2#	AVF	13.1	7.2	—	6.9	8.0	11.4	6.1	2.7	4.9	6.2	3.6	1.0	-3.4	3.8	2.7	4.1	3.5	1.6	0.7	2.4
	AAVS	15.3	8.9	—	11.2	10.1	7.8	5.7	9.4	3.0	6.1	8.2	4.7	8.3	6.9	0.3	6.6	2.7	8.3	4.2	3.6
	C	6.3	8.2	—	6.7	9.2	5.4	6.1	-3.4	-3.7	4.9	6.2	-1.1	3.7	2.2	-2.1	5.3	4.8	1.9	0.1	-2.9
	R	12.0	10.3	—	7.5	6.4	9.1	5.7	-4.8	4.3	0.6	8.4	4.2	3.9	-2.9	-1.7	6.1	4.3	5.5	3.9	1.3
	AR	5.2	-4.8	—	-7.6	6.1	0.3	4.2	-10.4	2.5	-6.1	-7.0	-2.8	1.7	7.3	-6.5	2.4	-4.1	0.5	3.3	-7.1
OGFC-16-3#	AVF	6.3	12.1	4.9	7.8	—	8.1	3.2	5.9	7.1	4.2	3.7	6.3	0.4	—	4.5	2.2	2.9	5.7	-1.4	2.7
	AAVS	9.2	11.7	14.1	9.3	—	8.7	7.2	10.1	3.6	7.7	6.2	6.0	4.8	—	7.1	1.2	6.5	4.9	1.0	5.3
	C	9.2	7.6	-4.2	8.1	—	6.4	6.7	4.2	-1.3	4.8	3.5	-1.2	-1.8	—	3.9	4.3	1.5	-2.7	4.0	3.8
	R	15.2	9.8	12.3	7.2	—	10.6	6.0	-5.4	3.2	-6.8	5.9	0.4	0.4	—	5.3	6.8	2.4	4.9	-5.7	2.6
	AR	7.2	6.3	5.7	5.9	—	5.7	1.2	5.3	6.1	2.8	3.8	4.3	0.4	—	6.2	7.1	2.6	3.4	2.5	4.6

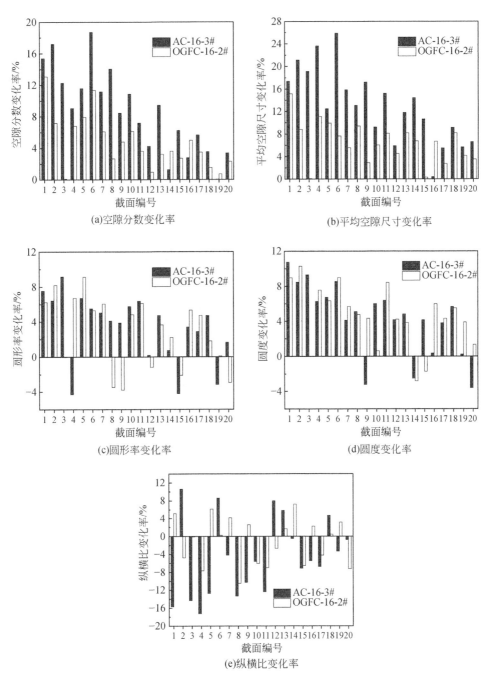

(a)空隙分数变化率

(b)平均空隙尺寸变化率

(c)圆形率变化率

(d)圆度变化率

(e)纵横比变化率

图 5.4 沥青混合料截面空隙形状特征变化

AC-16 级配有较大的空隙率,这便提供了较"畅通"的水流通道以及较大的变形空间,因此 OGFC-16 级配沥青混合料空隙分数与平均空隙尺寸变化相对较小。

(2)大多数截面图像在水-温-光损伤后,空隙圆形率和圆度增大,纵横比减小;同样,试件顶部区域空隙特征变化相对于底部区域更明显。这是由于在水-温-光循环过程中,对于沥青混合料试件内部原有的空隙,水流对其冲蚀作用在平面上的各个方向基本是均匀的、随机的,空隙的圆度会逐渐增大;对于一些形状不规则的空隙,其尖锐部分或者突出部分在外力作用下会产生应力集中现象,加速该部分的破坏,空隙的圆形率会逐渐增大。在空隙发展到一定阶段后,随着空隙尺寸的不断扩张,相邻的空隙发生连通,导致新的空隙纵横比增大、圆形率和圆度减小,这便是某些图像空隙发展与前者不一致的原因。

利用数字图像处理技术对沥青混合料截面图像空隙形状特征进行定量分析,可以较为清晰地描述沥青混合料内部空隙形成、发展、连通和传播 4 个阶段,为剖析沥青混合料水-温-光损伤演化物理机制提供重要的理论基础。

5.3　空隙演化的分形特征

沥青混合料在水-温-光循环过程中,由于自身结构的复杂性和不规则性,空隙的扩张和传播行为呈现出一定的不确定性、模糊性和非线性,很难用常规的数学语言加以准确描述。但是对于同一组试件,外界环境条件是相同的,空隙的演化行为在一定的尺度范围内表现出一定的自相似性,暗含着某种特定规律。分形几何法是研究自然界中非线性系统的新理论工具,已经在图形学、材料学、地质地貌学等众多学科领域得到广泛应用。本节应用分形几何法对沥青混料图像进行分析。

5.3.1　分形理论模型

分形(fractal)的概念是由哈佛大学 Mandelbrot 教授于 1975 年提出的,分形对象的基本特征是具有层次性、不光滑、连续但处处不可微,分形维数是关于分形对象复杂程度与空间填充能力的一种度量,是一个稳定参数[3]。常采用自相似分形的幂律定义对几何图形的分形进行判断:

$$F(\varepsilon) = F_0 \left(\frac{\delta}{\delta_{\max}} \right)^{-(D-d)} \tag{5-6}$$

式中,ε 为测量单元的尺寸;$F(\varepsilon)$ 为几何图形的长度、面积或体积;D 为分形维数;F_0 为几何图形为整形($D=1$)时的长度、面积或体积;d 为分形的拓扑维数;δ 为长度尺寸。

分形维数又称为分维,是描述复杂几何对象的一个重要特征量,主要从测量论和对称论方面来刻画集合的无序性,对准确地描述图形起到很大的作用。几何图

形的广义分形维数 D 计算公式为

$$D = \ln N(\varepsilon) / \ln(1/\varepsilon), \quad \varepsilon \to 0 \tag{5-7}$$

式中，$N(\varepsilon)$ 为以 ε 为尺寸测量规则图形所得到的测量单元数。显然，$N(\varepsilon)$ 与 ε 呈反比关系。

分形包括规则分形和不规则分形。规则分形是指可以由简单的迭代或者按一定规律所生成的分形，其自相似性和标度不变性在理论上是无限的，也就是说具有无限的膨胀和收缩对称性。不规则分形是指不光滑的、随机生成的分形，其自相似性是近似的或统计意义上的，只存在于标度不变区域。

鉴于沥青混合料截面空隙分布的随机性和无序性，本节采用不规则分形来测定其分形特征。不规则分形的测定方法主要有尺码法、计盒维数法、结构函数法、小岛法和谱分析法等。在沥青混合料图像中，所有的空隙都是由封闭曲线构成的，因此采用小岛法来研究其分形特征。

对于规则图形，其周长 P 与面积 A 的关系为

$$P \propto A^{1/2} \tag{5-8}$$

而对于不规则图形周长和面积的关系，用分形周长曲线代替光滑周长[4]，即

$$[P(\varepsilon)]^{1/D} = a_0 \varepsilon^{(1-D)/D} [A(\varepsilon)]^{1/2} \tag{5-9}$$

式中，a_0 为和空隙形状相关的常数。

将式 (5-9) 两边取对数可得到小岛法测定分形维数的数学表达式：

$$\ln P = \frac{D}{2} \ln A + \beta \tag{5-10}$$

5.3.2 沥青混合料图像空隙水-温-光损伤的分维特征

沿沥青混合料试件高度方向自上而下每隔 0.3mm 提取一个截面，共提取 20 个截面，按提取顺序进行编号，并对各截面空隙进行提取。典型空隙提取效果如图 5.5 所示。

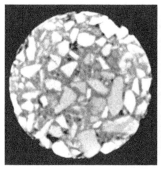

(a)AC-16 级配沥青混合料空隙提取

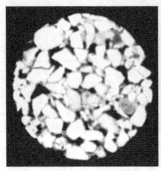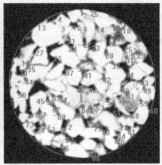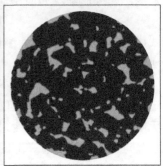

(b)OGFC-16级配沥青混合料空隙提取

图 5.5　沥青混合料空隙提取

　　利用小岛法,对图像的分形维数进行计算。首先,提取数字图像中的空隙,并对其面积和周长进行测定;然后,在双对数坐标内利用式(5-10)对数据进行线性回归,如图 5.6 所示;最后,根据拟合系数得到各图像的分形维数 D。分别对三组 AC-16 级配沥青混合料试件和三组 OGFC-16 级配沥青混合料试件进行分形维数的计算,各组试件分形维数计算结果及变化如图 5.7 与图 5.8 所示。

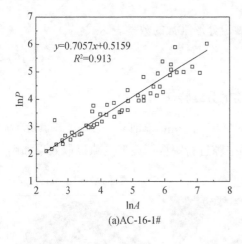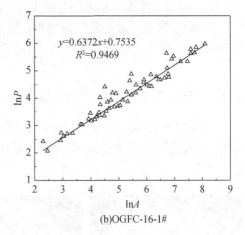

(a)AC-16-1#　　　　　　　　　　　　(b)OGFC-16-1#

图 5.6　沥青混合料截面分形维数计算

　　由图 5.6 可以看出,利用小岛法对 AC-16 级配和 OGFC-16 级配沥青混合料试件截面图像进行分形维数计算时,线性回归体现出较高精度,相关系数均在 0.9 以上,说明沥青混合料图像对于小岛法有良好的分形特性,该方法适合用于分布不均匀、形状不规则沥青混合料空隙图像的研究。

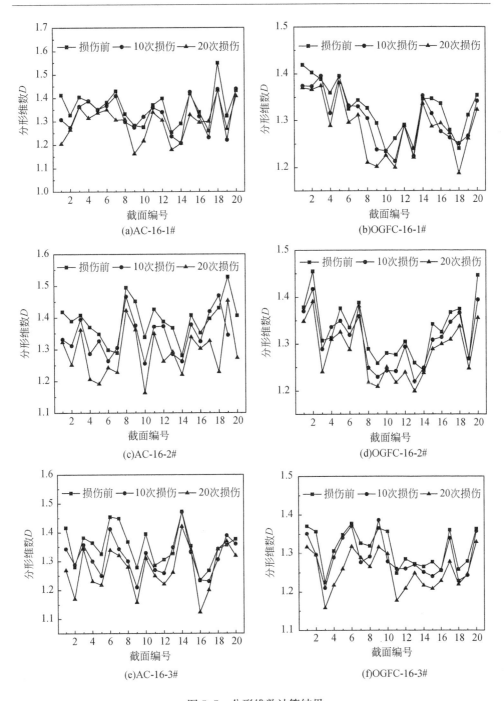

(a)AC-16-1#

(b)OGFC-16-1#

(c)AC-16-2#

(d)OGFC-16-2#

(e)AC-16-3#

(f)OGFC-16-3#

图 5.7　分形维数计算结果

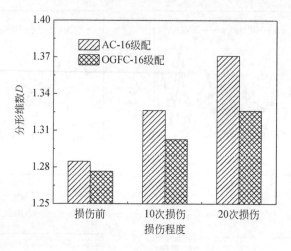

图 5.8　分形维数变化

观察图 5.7 与图 5.8 可以看出：

(1)随着沥青混合料水-温-光循环次数的增加,沥青混合料界面空隙细观结构不断演化,分形维数 D 有逐渐减小的趋势。根据分形理论,分形维数 D 与图像内部特征的幅值变化剧烈程度有关,D 值越高则图像微观细节越复杂,D 值小则图像构造相对简单。以此可以推断,沥青混合料试件在水-温-光循环过程中,虽然空隙面积不断增加,但是其复杂程度是逐渐降低的。

(2)图 5.7 中,个别截面的 D 值有所增大,这是由动水冲蚀和温度变化导致截面中相邻空隙的连通造成的。相邻空隙连通成为一个新的空隙结构,而相邻空隙的尺寸和形状的差异,使得该新结构的构造复杂性增加,从而使混合料试件个别截面的 D 值增大。

(3)在水-温-光循环过程中,OGFC-16 级配沥青混合料 D 值的变化幅度小于AC-16 级配沥青混合料,且变化相对平稳。这是因为 OGFC-16 级配沥青混合料试件相对于 AC-16 级配有较大的空隙率,为水流提供了通道,在一定程度上可以减缓水流对空隙壁的冲蚀;同时,在温度效应下较大的空隙结构可以提供较为广阔的变形空间,而在相同条件下空隙各向的变形是基本相同的。

综上所述,沥青混合料图像对于小岛法有良好的分形特性,利用小岛法可以有效地描述沥青混合料截面空隙图像特征;通过分形维数的变化规律可以揭示水-温-光循环过程中沥青混合料截面图像空隙的演化方向及演化特征,这与前文关于混合料截面空隙形状特征的研究结果体现出一定的一致性。

参 考 文 献

［1］沙爱民,王超凡,孙朝云. 一种基于图像的沥青混合料矿料级配检测方法［J］. 长安大学学报
　　（自然科学版）,2010,30(5):1-5.

［2］吴文亮,李智,张肖宁. 用数字图像处理技术评价沥青混合料均匀性［J］. 吉林大学学报（工
　　学版）,2009,39(4):921-925.

［3］Chen J S,Lin K Y,Young S Y. Effects of crack width and permeability on moisture-induced
　　damage of pavements［J］. Journal of Materials in Civil Engineering,2004,16(3):276-282.

［4］Wang L,Wang X,Mohammad L,et al. Unified method to quantify aggregate shape
　　angularity and texture using Fourier analysis［J］. Journal of Materials in Civil Engineering,
　　2005,17(5):498-504.

第 6 章　沥青混凝土图像矢量化技术

6.1　矢量化建模方法分类

由于沥青混合料是一种由集料、沥青胶浆和空隙组成的多相复合材料,其内部的力学响应与各向同性材料存在较大的差异。利用数字图像技术可以获取沥青混合料的真实平面组成结构,对分割后的二值图像进行矢量化处理即可建立混合料平面分析模型,进而分析材料内部的力学响应。在此过程中,数字图像矢量化方法将对分析模型的建模效率和计算效率产生显著的影响,因此对图像矢量化方法的研究将有助于改善数值分析的计算效率,从而提高沥青混合料长期黏弹性预测计算的效率。

一般先将数字图像经过图像处理技术处理转为二值黑白图像,然后进行矢量化处理。混合料结构信息的矢量化主要通过以下两种方式实现:一是运用矢量化软件直接将二值图像边缘检测后的结果转为矢量化图形文件,然后将图形文件导入通用有限元分析软件中建立物理模型[1];二是对集料边缘离散点进行多边形逼近计算,找出满足误差要求的多边形,以多边形顶点作为集料边缘的矢量化特征点[2]。

6.1.1　矢量化图形法

矢量化图形法是采用边缘检测的方法,对沥青混合料图像进行边缘检测得到集料的边缘轮廓,然后运用矢量化软件将边缘轮廓转化为矢量化图形文件(例如DXF 格式文件),运用此图形文件即可建模。边缘检测结果的准确与否将直接影响图形文件的准确性,最终影响模型的准确性。矢量化图形法的具体的处理过程如图 6.1 所示。

在上述建模流程中,边缘检测是至关重要的。在沥青混合料数字图像中,集料和沥青胶浆的接触区域内像素灰度剧烈变化,因此可以根据边缘灰度剧烈变化的特点对集料轮廓边界进行边缘检测。边缘检测的实质就是将目标与背景之间在灰度或者纹理特征上的突变边界线提取出来[3]。一般是利用导数算子对整幅图像进行计算,对运算结果进行阈值化处理,这样就可以从图像中提取边缘点集。常用的导数算子有梯度算子和拉普拉斯算子[4]。

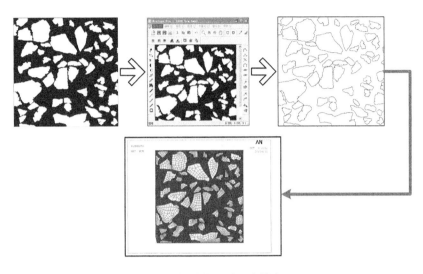

图 6.1　矢量化图形法建模流程

一阶导数 $\partial f/\partial x$ 和 $\partial f/\partial y$ 是最简单的导数算子，$\partial f/\partial x$ 和 $\partial f/\partial y$ 分别表示灰度级在 x 方向和 y 方向的变化率，在任意方向 θ（与 x 轴所成的角度）上的变化率可以表示为

$$\frac{\partial f}{\partial x'} = \frac{\partial f}{\partial x}\cos\theta + \frac{\partial f}{\partial y}\sin\theta \tag{6-1}$$

最大偏导数的方向为 $\arctan((\partial f/\partial y)/(\partial f/\partial x))$，最大幅值为 $[(\partial f/\partial x)^2 + (\partial f/\partial y)^2]^{1/2}$，具有这种幅值和方向的向量称为 f 的梯度。同时，也可以利用任意一对互相垂直的方向导数代替 $\partial f/\partial x$ 和 $\partial f/\partial y$ 来计算梯度。对于数字图像，使用一阶差分代替一阶导数进行运算，在 x 和 y 方向的一阶差分是

$$\Delta_x f(x,y) = f(x,y) - f(x+1,y) \tag{6-2}$$
$$\Delta_y f(x,y) = f(x,y) - f(x,y+1) \tag{6-3}$$

式(6-1)和式(6-2)计算得到的结果可正可负。若要求导数值为正值，则可以使用差分绝对值。从梯度的定义出发，将最大方向差分作为"数字梯度"。点 (x,y) 数字梯度的幅值为 $\sqrt{\Delta_x^2 f(x,y) + \Delta_x^2 f(x,y)}$，该数字梯度的方向为 $\arctan(\Delta_y f(x,y)/\Delta_y f(x,y))$。为方便计算，数字梯度幅值通常用求 $\Delta_x f(x,y)$ 与 $\Delta_y f(x,y)$ 的绝对值和或用两者中的最大值近似表示，即

$$|\Delta_x f(x,y)| + |\Delta_y f(x,y)| \quad 或 \quad \max(|\Delta_x f(x,y)|, |\Delta_y f(x,y)|) \tag{6-4}$$

求点 (x,y) 的梯度时，只用到其两个邻点 $f(x+1,y)$ 和 $f(x,y+1)$ 的值，而没有用到另外邻点 $f(x+1,y+1)$ 的值，为了更充分利用邻域信息，可以采用 Roberts 梯度来表示：

$$\sqrt{[f(x,y)-f(x+1,y+1)]^2+[f(x+1,y)-f(x,y+1)]^2} \qquad (6\text{-}5)$$

或者

$$|f(x,y)-f(x+1,y+1)|+|f(x+1,y)-f(x,y+1)| \qquad (6\text{-}6)$$

从上述式子中可以看出，所用的差分相对于内插点$\left(x+\dfrac{1}{2},y+\dfrac{1}{2}\right)$是对称的。

进行边缘检测时，各种数字梯度近似式对于给定图像产生不同的数字"边缘值"，但是当把这些值表示成图像形式时（即用灰度级表示边缘值），所得结果是相似的。

此外，为了提高边缘检测的效率，常用的边缘检测方法一般采用某些现有的算子对图像的边缘进行检测，所以出现了很多经典的微分算子，这些算子包括Roberts微分算子、Sobel微分算子、拉普拉斯算子及其变形微分算子和Canny微分算子。

1. Roberts 微分算子

Roberts微分算子是一种采用相邻对角线方向两像素之差近似表示梯度幅值的算子，是一种局部差分算子。这种算子对水平和垂直边缘具有较好的响应效果，但这种算子不能很好地处理噪声所带来的影响。2×2的卷积算子表示为

$$D_1=\begin{bmatrix} -1 & 0 \\ 0 & 1 \end{bmatrix}; \quad D_2=\begin{bmatrix} 0 & 1 \\ -1 & 0 \end{bmatrix} \qquad (6\text{-}7)$$

2. Sobel 微分算子

Sobel微分算子是一种滤波算子，能够平滑噪声。其常用模板是2个奇数大小（3×3）的卷积核，分别对水平和垂直边缘进行响应。模板形式可以表示为

$$L_0=\begin{bmatrix} 0 & -1 & 0 \\ -1 & 4 & -1 \\ 0 & -1 & 0 \end{bmatrix}; \quad L_1=\begin{bmatrix} -1 & -1 & -1 \\ -1 & 8 & -1 \\ -1 & -1 & -1 \end{bmatrix} \qquad (6\text{-}8)$$

Sobel微分算子能够考虑中心像素四邻域像素灰度对中心像素点的影响，方向性较好，提供较为准确的边缘方向，但检测结果会出现较多的伪边缘，定位精度不好。

3. 拉普拉斯算子

拉普拉斯算子是一种对方向取向不敏感的高阶导数算子，具有各向同性的特点，用一个卷积核就可以对图像进行处理，对灰度突变敏感，定位精度高，但是容易丢失一些边缘，对噪声亦敏感，可近似表示为

$$\nabla^2(x,y) = [f(x+1,y) + f(x-1,y) + f(x,y+1) + f(x,y-1)] - 4f(x,y)$$

$$(6-9)$$

此处可通过计算 f 和掩模

$$L_0 = \begin{bmatrix} 0 & -1 & 0 \\ -1 & 4 & -1 \\ 0 & -1 & 0 \end{bmatrix}; \quad L_1 = \begin{bmatrix} -1 & -1 & -1 \\ -1 & 8 & -1 \\ -1 & -1 & -1 \end{bmatrix} \quad (6-10)$$

的卷积来实现。上述数字拉普拉斯算子是一个二阶差分算子。如果希望响应仅为正值,则可以使用绝对值 $|\nabla^2 f|$。数字拉普拉斯算子虽对边缘有响应,但对拐角、线条、线端点和孤立点则有更强的响应。在存在噪声的图像中,噪声将产生比边缘大的拉普拉斯值,因此噪声对边缘检测产生严重影响。

4. Canny 微分算子

Canny 微分算子是一个具有滤波、增强和检测的多阶段优化算子。运用 Canny 微分算子检测边缘之前,需要先对图像进行平滑,采用高斯滤波器过滤噪声,然后采用一阶微分导数最大值作为定位梯度值。采用非极大值抑制的方法对图像进行处理,采用两个分割阈值分别针对强边缘和弱边缘进行检测。弱边缘只有在与强边缘连接时才被输出定义为边缘检测结果,因此 Canny 微分算子能够较好地处理图像噪声造成的干扰,能够在噪声和边缘检测间取得较好的平衡效果,检测出图像元素的真正弱边缘。

利用 Canny 微分算子进行边缘检测的过程主要包括图像滤波、梯度幅值及方向的计算、梯度幅值非极大值抑制、双阈值检测和边缘连接等过程,具体步骤如下。

1)图像滤波

利用二维高斯模板对原始图像进行卷积,进而完成图像滤波,消除噪声影响。二维高斯函数可以表示为

$$G(x,y) = \frac{1}{2\pi\sigma^2} \exp\left(-\frac{x^2+y^2}{2\sigma^2}\right) \quad (6-11)$$

定义梯度矢量为

$$\nabla G = \begin{bmatrix} \partial G/\partial x \\ \partial G/\partial y \end{bmatrix}$$

$$\frac{\partial G}{\partial x} = kx\exp\left(-\frac{x^2}{2\sigma^2}\right)\exp\left(-\frac{y^2}{2\sigma^2}\right) \quad (6-12)$$

$$\frac{\partial G}{\partial y} = ky\exp\left(-\frac{y^2}{2\sigma^2}\right)\exp\left(-\frac{x^2}{2\sigma^2}\right) \quad (6-13)$$

式中,k 为常数;σ 为高斯滤波器参数,控制对图像进行平滑的程度。

2)计算梯度幅值和方向

设源图像为 $I(x,y)$,采用 2×2 邻域一阶有限差分来计算图像梯度幅值和方

向,有

$$G(x,y) = \sqrt{g_x^2(x,y) + g_y^2(x,y)} \tag{6-14}$$

$$\theta(x,y) = \arctan\left(\frac{g_y(x,y)}{g_x(x,y)}\right) \tag{6-15}$$

$$f_x = \begin{bmatrix} 1/2 & -1/2 \\ 1/2 & -1/2 \end{bmatrix}; \quad f_y = [1/2 \quad 1/2] \tag{6-16}$$

式中,$g_x(x,y)$和$g_y(x,y)$分别为源图像$I(x,y)$被滤波器f_x和f_y沿行、列作用的结果。

3)梯度幅值非极大值抑制

梯度幅值阵列的值越大,其对应的图像梯度值也越大,但仅以梯度幅值作为参考指标不足以精确确定边缘。为了精确定位边缘,必须细化幅值图像的屋脊带,只保留幅值局部变化最大的点,这一过程就是非极大值抑制(non-maximum suppression,NMS)。Canny 微分算子使用包括 8 个方向的邻域 3×3 大小的算子模板,对梯度幅值阵列 $G(x,y)$ 的所有像素沿梯度方向进行梯度幅值的插值,然后遍历图像,若梯度图像中某个像素的灰度值与其梯度方向上前后两个像素的灰度值相比不是最大的,那么将这个像素值置 0,这样就把 $G(x,y)$ 宽屋脊带进行了细化,并且保留了屋脊的梯度幅值。

4)双阈值检测和边缘连接

分别取定低阈值和高阈值,对梯度图像进行双阈值化处理,分别得到一个高阈值检测结果和低阈值检测结果,对处理结果进行遍历判断,大于高阈值的像素点可以判断为边缘,小于低阈值的像素点判断为非边缘。在前者中连接边缘轮廓,连接到端点时,到后者寻找弱边缘点,弥补前者的边缘间隙。

6.1.2　多边形逼近法

对于多边形逼近法,存在两种不同的建模方法:一种是设定最小距离阈值的距离法;另一种是缩减坐标法[5]。

1. 距离法

虽然直接采用图形导入的方法也能建立相应的有限元模型,但是由于没有对像素点所围成的闭合图形进行简化,图形中的每个像素点成为一个有限元单元的节点,将对有限元网格生成造成一定的困难,甚至可能导致有限元力学分析失败。因此,对闭合图形的坐标信息进行简化将有利于降低有限元分析的规模。针对不同类型的集料进行统计分析可以看到,大多数集料和空隙的轮廓呈现不规则形状,只有少数分界面是规则的,如果用一个具有足够边数的多边形来表示闭合轮廓,那么在多边形与原有闭合图形之间的近似误差可以达到足够小的程度,并且对于该轮廓,此误差是可以忽略的。因此,可以设定不同的距离阈值限值,得到不同逼近程度的多边形。阈值越小,多边形与原有闭合图形越相近。

采用距离法对闭合图形进行多边形迭代逼近的算法主要分为以下几步:

(1)设定一个像素点到分割直线的距离阈值 t。

(2)找出原有闭合边界中相距最远的两个像素点,如图 6.2 中的 A 点和 H 点,这两个像素点所确定的直线将闭合图形轮廓分解成两个部分,即将原有图形进行二分处理。

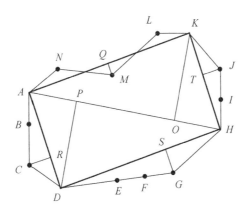

图 6.2　距离法示意图

(3)对于任意一部分轮廓曲线,计算得到该部分曲线所有像素点到分割线的距离,并且记录下最大距离及相应的像素点;如图 6.2 中的 P 点、R 点和 S 点以及 O 点、Q 点和 T 点。

(4)若离散点到近似直线段的最大距离小于阈值 t,则认为该段直线可以代表这一部分(区间)的边界,可考虑另一部分;若最大距离大于阈值 t,则记录下像素点与当前分割线的两个端点的连线,对原有直线进行拆分,将原有直线段用两个新的直线段表示。

(5)重复(3)、(4)两个过程,不断循环,直到计算出每个像素点到分割直线的距离均小于阈值 t 为止,最终形成的闭合的分割线便是代表分界面图像的多边形。

2. 缩减坐标法

二值化完成后,提取颗粒图像边缘像素坐标,采用闭合的多边形描述集料和空隙时,考虑到计算机的处理速度和能力,采用"取舍"原则确定多边形。具体操作时,设定一距离阈值,按照此距离阈值对构成集料轮廓的边缘像素进行扫描,提取某些坐标点的数据作为缩减后多边形的顶点坐标。二分法虽然能够处理凸多边形问题,但对于具有凹陷的不规则多边形(如混合料中的空隙)则无法进行矢量化排序。因此选用最短距离法对得到的轮廓点离散数据进行矢量化排序预处理。在距离法中引入限制条件,当两点距离小于值 d_{min} 时,将两个点作为重合特征点处理。此处 $d_{min}=1pixel$。

假设图像中任一集料得到一组离散坐标数据 $(x_1,y_1),(x_2,y_2),\cdots,(x_n,y_n)$;任意选取其中一点 (x_i,y_i) 作为排序数据起始点,计算两点间距离 d_{ij}:

$$d_{ij}=\sqrt{(x_i-x_j)^2+(y_i-y_j)^2},\quad i,j\in 1,2,\cdots,n \tag{6-17}$$

d_{ij} 满足以下条件:

$$\begin{cases} d_{ij}>d_{0min} \\ x_i-d_{thresh}\leqslant x_j\leqslant x_i+d_{thresh} \\ y_i-d_{thresh}\leqslant y_j\leqslant y_i+d_{thresh} \end{cases} \tag{6-18}$$

$$d_{ik}=\min(d_{ij}) \tag{6-19}$$

由此便可确定出与 (x_i,y_i) 最近的点为 (x_k,y_k),接下去再对 (x_k,y_k) 重复上述计算过程可以确定 (x_k,y_k) 的最近点,如此重复进行,直到回到起始点 (x_i,y_i)。分别对每组离散数据进行距离法排序就可以实现集料轮廓特征点数据的矢量化,从而实现集料平面模型重构。选用不同距离阈值对某一集料的多边形缩减效果进行对比,如图 6.3 所示。

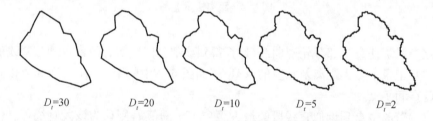

$D_t=30$　　　　$D_t=20$　　　　$D_t=10$　　　　$D_t=5$　　　　$D_t=2$

图 6.3　不同距离阈值 D_t 多边形缩减效果对比(单位:pixel)

对于实际图像,各组成部分的边缘为逐个相连的若干像素点,矢量化图形文件法虽然能够准确反映各相的边缘信息,但由于没有对边缘特征点进行简化,每个像素点成为有限元单元的节点,这势必会给有限元网格划分带来巨大的困难,从而增加计算成本。利用现有的矢量化软件所转化的图形文件会产生个别区域不闭合的现象[6],需要通过手动查找修改,当模型较大时,建模效率下降。多边形逼近法是通过直线段拆分迭代来实现多边形与集料轮廓的逼近,随着多边形的不断拆分,有些多边形顶点呈现线性分布的特点,此时在满足逼近误差的条件下,这些顶点所反映的轮廓特征信息可用近似直线段来表示,若对这些顶点进行二次简化合并,则可以对矢量化数据再次进行压缩简化,从而以最少的矢量化数据准确反映材料的轮廓信息,并最终提高数值建模和计算分析的效率。基于此,本章对原有多边形逼近的方法进行改进,针对集料和空隙多尺度分布的特点,选用与尺度无关的拆分合并强度指标进行逼近控制。

6.2　无尺度多边形逼近理论与实现

6.2.1　多边形逼近的基本定义

对沥青混合料数字图像进行去噪、分割等技术处理后,对得到的二值图像进行边缘检测,可以得到材料的边缘轮廓坐标数据。集料、空隙和沥青胶浆分别构成了不同的闭合区域,每个区域轮廓可以看作一个连续的曲线,用一个有序坐标点集 C 来表示此曲线,$C = \{p_1 \quad p_2 \quad \cdots \quad p_n\}$,$n$ 表示曲线的坐标点数,$p_i \in \{p_k(x_k, y_k) \mid k = 1, 2, \cdots, n\}'$。

连续曲线上两点之间的弧线可用 $p_i p_j = \{p_i \quad p_{i+1} \quad \cdots \quad p_j\}$ 表示,若用直线段 $\overline{p_i p_j}$ 近似代替 $p_i p_j$,则近似误差[7]可以定义为

$$e(p_i p_j, \overline{p_i p_j}) = \sum_{p_k \in p_i p_j} d^2(p_k, \overline{p_i p_j}) \tag{6-20}$$

若直线 $\overline{p_i p_j}$ 的方程为 $Ax + By + C = 0$;则 p_k 到直线 $\overline{p_i p_j}$ 投影距离为

$$d(p_k, \overline{p_i p_j}) = \frac{|Ax + By + C|}{\sqrt{A^2 + B^2}} \tag{6-21}$$

同时,曲线 C 又可以看成一条由若干弧段构成的连续曲线,每个弧段由其近似直线段表示,则连续曲线 C 的近似多边形为 $V = \{\overline{p_{t_1} p_{t_2}} \quad \overline{p_{t_2} p_{t_3}} \quad \cdots \quad \overline{p_{t_m} p_{t_{m+1}}}\}$,其中 $t_i \in \{1, 2, \cdots, n\}$,$t_1 < t_2 < \cdots < t_{m+1}$,由于曲线最终闭合,$t_{m+1} = t_1$;则连续曲线与近似多边形之间的近似误差可以表示为

$$E(V, C) = \sum_{i=1}^{m} e(p_{t_i} p_{t_j}, \overline{p_{t_i} p_{t_j}}) \tag{6-22}$$

最终,曲线的多边形近似问题转化为给定曲线 C 和多边形边数 m,在 C 的所有近似多边形集合 Ω 中寻找一个多边形 P,使得

$$E(P, C) = \min_{V \in \Omega}(E(V, C)) \tag{6-23}$$

6.2.2　拆分与合并的判断依据

在多边形近似过程中,需要不断地迭代变换多边形的顶点,从而找到逼近误差最小的多边形,多边形顶点的变换通过拆分操作与合并操作来实现。拆分操作是

选择弧段上一个满足判断依据的点,以此点为界将原有弧段分割为两条弧段,此点成为近似多边形的一个新顶点,与此同时,去掉原有弧段的近似直线段,以分割后两弧段的近似直线段作为弧段的近似分割。合并操作是拆分操作的逆操作,针对拆分操作后的多边形各个顶点,对满足判断条件的多边形顶点相邻的两个直线段进行合并操作,去掉此多边形顶点,如图 6.4 所示。

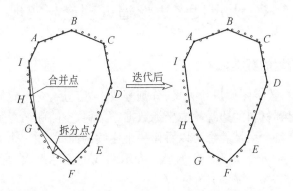

图 6.4　多边形近似过程示意图

以往的拆分合并原则大多采用曲线点与逼近直线段之间的最大距离作为判断依据,当最大距离满足某一阈值时停止拆分合并操作[8],这种方法针对单一曲线具有较好的适用性。但对于多尺度集料而言,其轮廓尺寸不均一,针对不同尺度的曲线确定不同的距离阈值具有较大的难度,因此采用与尺度无关的拆分强度和合并强度[8]作为判断依据进行多边形逼近。

设 p_i 为轮廓曲线上一点,其所在的弧段的近似直线段为 $\overline{p_{t_k} p_{t_{k+1}}}$,其中 $\overline{p_{t_k} p_{t_{k+1}}} \in V$,则 p_i 处的拆分强度为

$$S(p_i) = \frac{d(p_i, \overline{p_{t_k} p_{t_{k+1}}})}{1 + d(p_i, \overline{p_{t_k} p_{t_{k+1}}})} \tag{6-24}$$

设 $p_{t_{k-1}}$、p_{t_k}、$p_{t_{k+1}}$ 为多边形相邻的三个顶点,则在 p_{t_k} 处的合并强度定义为

$$M(p_{t_k}) = \frac{1}{1 + d(p_{t_k}, \overline{p_{t_{k-1}} p_{t_{k+1}}})} \tag{6-25}$$

在迭代计算中,分别计算多边形各边相邻点的拆分强度,找出每边中拆分强度最大的相邻点,然后找出整个多边形最大拆分强度点,在该点进行拆分,完成一次拆分操作。合并操作则直接找出多边形中合并强度最大的点,进行合并操作。每完成一次拆分合并操作计算当前的近似均方根误差,若近似误差满足控制误差要求,则将此多边形作为近似结果。

6.2.3   迭代逼近的算法流程

根据拆分合并的基本思想,进行算法流程设计,在迭代计算过程中需要给定三个参数:多边形边数初值 m,误差限值 ε_T,迭代次数 G。算法流程如图 6.5 所示。

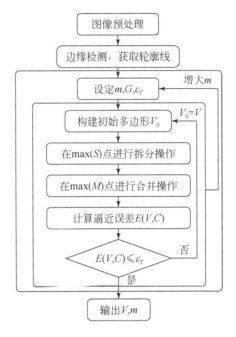

图 6.5   算法流程图

迭代计算中,收敛控制误差的选定是至关重要的。以往根据经验通过试算的方法确定逼近误差[2],采用遍历各点与近似多边形直线的距离值在某一阈值之内的方法达到收敛迭代,采用的是局部误差控制方法,对多边形的整体近似效果缺乏有效的评价。相对于遍历计算,近似后均方根误差的计算则简便易行,同时能够对整体近似效果做出评价。因此可以采用均方根误差(RMSE)作为收敛控制误差。

对于独立的轮廓而言,其多边形近似误差 $e(p_i p_j, \overline{p_i p_j})$ 构成了一个具有统计特征的总体,这个总体近似服从正态分布[9],令其标准差为 σ_0;若点与相邻直线的近似误差 $e(p_i p_j, \overline{p_i p_j})$ 小于某一值 $k\sigma_0$ 的概率为 P,则有

$$P\{e < k\sigma_0\} = \int_{-k\sigma_0}^{k\sigma_0} f(e)\,\mathrm{d}e \tag{6-26}$$

式中,$f(e)$ 为正态分布概率密度函数;一般 $k=1,2,3$,当 $k=2$ 时,$P=0.955$,P 又称为保证率或置信水平。此外,标准差还可用均方根误差来估计:

$$RMSE=\sqrt{\frac{E(V,C)}{N}}\leqslant\sigma_0 \tag{6-27}$$

由此可以得到多边形近似的误差总限值为

$$E(V,C)\leqslant N\sigma_0^2 \tag{6-28}$$

若 $k=2$，则多边形各点近似误差均小于 $2\sigma_0$ 的概率为 0.955，此时若令单点近似误差限值 $\varepsilon_0=2\sigma_0$，则有

$$E(V,C)\leqslant\varepsilon_T=N\left(\frac{\varepsilon_0}{2}\right)^2 \tag{6-29}$$

式中，ε_0 为各点近似误差阈值。由式(6-29)可以看出，多边形近似误差不仅与曲线上点的个数有关，还与所选定的阈值 ε_0 有关。

6.3　逼近算法有效性及准确性验证

为了验证逼近算法的有效性及数字图像处理技术的适用性，选取 50mm×50mm 的示例图像进行算法验证，如图 6.6 所示。

图 6.6　沥青混合料切片图像示例

6.3.1　近似迭代误差变化规律分析

选取不同粒径的典型集料轮廓作为分析对象，对多边形近似迭代误差随迭代次数 G 和多边形边数 m 的变化规律进行分析，如图 6.7 所示。

由图 6.7(a)可以看出，当采用不同多边形时，均方根误差随迭代次数的增加而

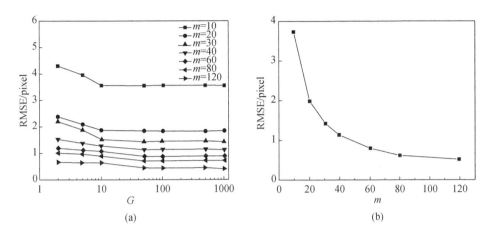

图 6.7　RMSE 变化规律图

逐渐减小,当迭代次数超过 100 次之后,均方根误差达到稳定值,迭代次数的再增加并不能降低多边形近似曲线的均方根误差,此时可通过调整多边形边数达到降低均方根误差的目的。

由图 6.7(b)可以看出,稳定后均方根误差随多边形边数的增多呈非线性降低的趋势,当近似多边形边数 $m<80$ 时,均方根误差随着多边形边数的增加迅速减小,$m>80$ 以后,近似迭代的均方根误差的降低趋势明显减缓。可以认为,当多边形边数增大到一定程度之后,多边形与待逼近曲线的近似误差逐渐稳定平衡,采用增加多边形边数降低均方根误差的效果已不明显。

6.3.2　近似程度对分析模型规模的影响

运用所编制的程序对所选的样本图像进行矢量化之后,结合通用有限元分析软件,运用参数化建模语言建立有限元模型,对模型进行自由网格划分,采用相同的网格控制策略,不同多边形近似程度的有限元模型效果对比如图 6.8 所示。

观察图 6.8 可以看出,采用图形导入的办法所划分的网格在集料边缘附近产生了细化,单元数目急剧增加。这是由噪声影响所产生的边缘凹凸所导致的。经过多边形近似后的模型网格局部急剧细化的问题得到明显改善,有效地控制了分析模型的规模,同时,避免了分析模型单元尺寸的过大差异。

为了定量评价逼近误差对有限元模型的影响程度,以单元数量为指标,对不同近似程度下有限元计算模型规模进行对比分析。由于图形矢量化方法直接对轮廓数据进行矢量化,可认为该方法得到的近似多边形与轮廓线的均方根误差为零。对比结果如图 6.9 所示。

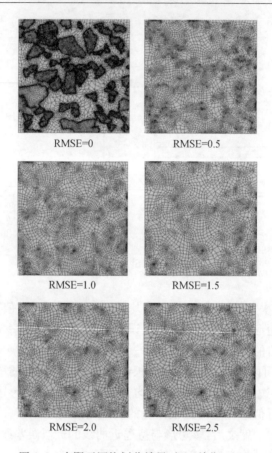

RMSE=0　　　　　　　RMSE=0.5

RMSE=1.0　　　　　　RMSE=1.5

RMSE=2.0　　　　　　RMSE=2.5

图 6.8　有限元网格划分效果对比(单位:pixel)

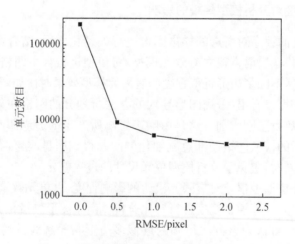

图 6.9　模型规模随均方根误差的变化规律

由图 6.9 可以看出,随着近似均方根误差的放宽,模型的规模逐渐降低,采用图形矢量化直接导入分析软件建立模型,其单元数量远远大于经过多边形近似后所建立的有限元分析模型,多边形近似方法可以有效地降低分析模型的计算规模。因此可以预见,在沥青混合料的长期黏弹性性质的模拟预测时,能够提高计算效率,减小计算时间开销。

对有限元模型进行弹性求解,在模型顶部作用竖直向下的 0.7MPa 均布荷载,以顶部的竖向位移为考察指标,对不同近似模型的准确性进行对比分析,模型约束及受力情况如图 6.10 所示。建立模型后进行模拟计算分析,对不同近似误差限值的模型变形进行对比分析,同时分析相对误差的变化规律,如图 6.11 所示。

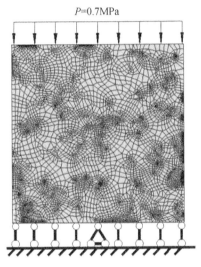

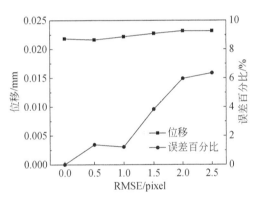

图 6.10 模型计算示意图   图 6.11 力学指标随均方根误差的变化规律

由于图形矢量化方法是对图像的无近似矢量化,可以将按照此方法建立的模型作为基准模型。由图 6.11 可以看出,随着近似均方根误差限值的放宽,不同模型所计算的位移与基准值的误差百分比逐渐增大,模型的准确性不断下降。因此,在工程实际计算分析中,可以根据不同的分析目的和精度要求,选择相应的误差限值,以既能满足工程计算精度要求又能保证较高的计算效率。

参 考 文 献

[1] Mo L T, Huurman M, Wu S P, et al. Investigation into stress states in porous asphalt concrete on the basis of FE-modelling[J]. Finite Elements in Analysis and Design,2007,43: 333-343.

[2] Yue Z Q, Chen S, Tham L G. Finite element modeling of geomaterials using digital image

processing[J]. Computers and Geotechnics,2003,30：375-397.

[3] 关琳琳,孙媛. 图像边缘检测方法比较研究[J]. 现代电子技术,2008,31(22):96-99.

[4] 刘丹. 计算机图像处理的数学和算法基础[M]. 北京:国防工业出版社,2005.

[5] 李晓军,张金夫. 基于 CT 图像处理技术的岩土材料有限元模型[J]. 岩土力学,2006,27 (8)：1331-1334.

[6] 杨新华,王习武,陈传尧,等. 用图像处理技术实现沥青混合料有限元建模[J]. 中南公路工 程,2005,30(3):5-7.

[7] 王斌,施朝健. 多边形近似曲线的基于排序选择的拆分合并算法[J]. 计算机辅助设计与图 形学学报,2006,18(8):1149-1154.

[8] Ramer U. An iterative procedure for the polygonal approximation of plane closed curves[J]. Computer Graphics and Image Processing,1972,1:244-256.

[9] Kolesnikov A. ISE-bounded polygonal approximation of digital curves[J]. Pattern Recognition Letters,2012,33:1329-1337.

第 7 章　基于数字图像处理技术的沥青混凝土细观力学性能分析

7.1　沥青胶砂细观受力特征统计分析

7.1.1　胶砂内部应力分布特点的统计分析

在以往的研究中,大多采用试验测试的方法确定沥青混合料的物理参数(如弹性模量和泊松比),然后将混合料作为各向同性均质材料来处理,这对混合料所做的只是在一定程度上的近似处理。实际上,沥青胶浆和集料的刚度存在较大差异,这必然会在混合料内部产生应力分布不均匀的现象,局部增大的应力会加剧沥青胶浆的黏弹塑性变形,当累计变形达到破坏极限时,沥青混合料就会产生开裂破坏。可见,准确分析沥青混合料内部真实应力状态对解释沥青混合料的变形破坏机理具有重要的理论意义。本章对沥青混合料的应力分布情况进行分析,运用沥青混合料数字图像获取沥青混合料的真实结构,然后借助通用有限元软件对沥青混合料的应力分布形式进行探讨分析。

1. 平面有限元分析模型的建立

首先在室内采用击实成型的方法制备 AC-13 型密级配马歇尔试件,试件采用双面击实 75 次的方法成型,然后将成型好的试件置于 $-18℃$ 低温环境箱中保温 24h,将试件取出采用金刚石切割机进行切割,获取沥青混合料切片,并用数码相机采集沥青混合料数字图像。为了获得有限元计算的基本材料参数,在室内采用静压密实方法制备相应的沥青胶砂试件。试件尺寸为 $\phi70\text{mm}\times140\text{mm}$,油石比为 11.0%。对沥青胶砂进行低温单轴压缩试验。在试验前将制备好的平行试件放入 $-18℃$ 低温环境箱中保温 24h,然后进行试验。加载速度为 5mm/min。材料参数如表 7.1 所示。

表 7.1　集料与沥青胶砂材料参数

材料	表观密度/(g/cm³)	弹性模量/MPa	泊松比
集料	2.79	20000	0.20
沥青胶砂	2.32	710	0.30

　　在进行有限元建模时,由于集料轮廓不规则很难利用常规的方法建立模型。因此,为了快速准确地建立模型,避免人为因素的干扰,首先对沥青混合料图像进行预处理,从图像中分离出集料部分、胶砂部分和空隙部分;然后采用改进的多边形逼近方法进行轮廓逼近,得到简化后的边缘轮廓坐标数据;最后利用 MATLAB,编制沥青混合料数字图像处理及矢量化建模的一体化程序,自动形成有限元模型参数化建模文件,借助通用有限元软件自动完成有限元的建模求解。由数字图像到有限元模型的整个处理过程如图 7.1 所示。在数值模型中,不同组成部分之间采用节点位移连续假设实现变形的连续。

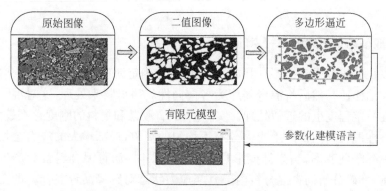

图 7.1　数字图像-有限元模型建模过程

2. 胶砂内部应力分布特点

　　混合料破坏一般是由沥青胶砂的破坏而引起的,因此对沥青胶砂的应力分布情况的分析具有重要意义。为了探讨混合料内部胶砂的应力分布情况,采用单轴压缩模型进行弹性求解,有限元计算模型示意图如图 7.2 所示。

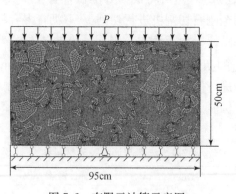

图 7.2　有限元计算示意图

　　计算后得到多尺度模型的变形云图和应力云图,如图 7.3 和图 7.4 所示。

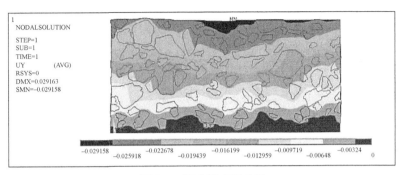

图 7.3　混合料变形云图

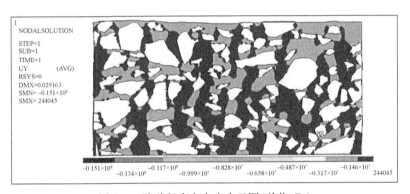

图 7.4　胶砂竖直方向应力云图(单位:Pa)

　　观察图 7.3 可以看出,混合料内部不均匀分布的集料引起混合料内部胶砂变形的不均匀。根据变形云图可以看出,在粗集料分布较少而局部产生离析的区域所产生的变形大于粗集料分布均匀的区域。这就从细观角度明确了级配离析对沥青混合料变形特性产生严重影响的原因。

　　由图 7.4 可以看出,由于集料颗粒的存在,沥青胶砂应力呈现不均匀分布的规律,而且集料不规则的形状导致胶砂应力也呈现随机分布的形式,很难运用某一确定的应力函数对沥青胶砂的整体受力分布情况进行评价分析。因此,采用统计分析的方法对沥青胶砂的应力进行统计分析,以胶砂各单元应力值作为整个单元的代表值,以单元的面积作为统计指标,并且确定不同应力单元出现的频率,统计结果如图 7.5 所示。

　　观察图 7.5 可以看出,由于受到不规则形状集料的影响,混合料内部沥青胶砂的应力统计值呈现近似正态分布的趋势。

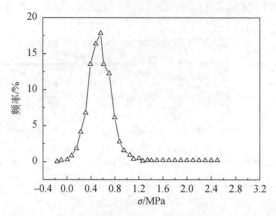

图 7.5　胶砂应力分布统计结果

　　在进行有限元网格划分时,不同的网格控制策略产生不同尺寸的单元,不同的网格划分会对应力分布的统计结果产生影响。为了明确单元尺寸的影响,将网格由细致到粗糙分为四个控制水平,分别建立相应的有限元模型。完成计算后对胶砂竖直应力分布情况进行统计分析,分析结果如图 7.6 所示。图中 N_e 为模型的单元数目。

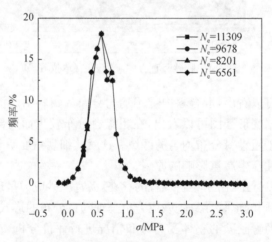

图 7.6　不同网格划分策略下胶砂应力统计结果

　　观察图 7.6 可以看出,网格划分得细致与否对应力分布规律的影响很小,采用不同网格划分水平建立的有限元模型虽然相差较大,但是对胶砂内部应力的计算结果产生的影响较小,可见网格划分策略对混合料内部弹性应力状态的影响较小。对胶砂应力进行统计分析时可以忽略网格划分水平对结果的影响。

3. 内部应力分布的定量描述

根据前面的分析可以看出,胶砂内部应力统计结果大致符合高斯函数的分布形式,可以采用高斯函数对应力的统计结果进行定量表述:

$$f(x) = a\exp\left(-\frac{(x-b)^2}{c^2}\right) \tag{7-1}$$

式中,a、b、c 是高斯函数参数。根据应力分布的特点可以建立高斯函数参数与应力分布之间的联系。

(1)参数 a 表示高斯函数的极值,在本节中 a 表示沥青胶砂中应力分布概率最大的概率密度值。

(2)参数 b 表示高斯函数的概率密度极值点所对应的应力值,决定了高斯函数在 x 轴上的位置。在本章中 b 表示沥青胶砂中出现概率最大的应力值,为表述方便暂称其为代表性应力。

(3)参数 c 表示高斯函数的陡峭程度,c 越小表示高斯函数越陡峭,c 越大表示高斯函数越平缓;对于应力分布规律,c 表示应力分布的集中程度,能够表示应力分布偏离平均值程度的大小。

运用非线性拟合方法对应力分布规律进行分析,拟合结果见表 7.2。拟合效果如图 7.7 所示。

表 7.2　拟合结果

参数	a	b	c	R^2
拟合值	2.183	0.546	0.254	0.984

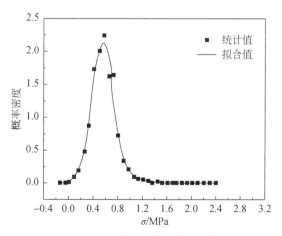

图 7.7　应力分布高斯函数拟合效果

7.1.2　材料参数对应力分布规律影响分析

1. 材料模量比对胶砂应力分布规律的影响分析

在沥青混合料中,沥青胶砂是一种典型的黏弹性材料,胶砂的材料性能随温度的变化而变化。低温时,弹性模量较高,沥青胶砂呈现弹性材料的性质;在高温时,沥青胶砂呈现黏弹塑性材料性质。在道路使用过程中,沥青混合料作为路面结构的主要组成材料,其所处的环境温度也是变化的,沥青胶砂的材料参数同样会随着温度的变化而变化,有必要对不同使用情况下的沥青胶砂内部的应力分布情况进行分析。参照文献[1]中的研究方法,定义集料与沥青胶砂的模量比作为考察指标,以集料弹性模量为不变值,计算过程中所采用的 5 组材料的参数见表 7.3。

表 7.3　材料参数

组号	集料模量/MPa	胶砂模量/MPa	集料泊松比	胶砂泊松比	模量比 λ
1	20000	13333	0.2	0.25	1.5
2	20000	2000	0.2	0.3	10
3	20000	200	0.2	0.3	100
4	20000	20	0.2	0.3	1000
5	20000	2	0.2	0.4	10000

首先此时尚不考虑其他因素的影响,仅以模量比为考察对象,以 AC-13 型密级配作为试验级配,采用沥青混合料图像建立平面应变分析模型,对沥青胶砂的应力分布进行统计分析,统计结果如图 7.8 所示。

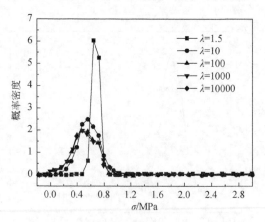

图 7.8　不同模量比的沥青胶砂应力分布图

　　在得到统计结果后,采用高斯函数对不同模量比所计算的应力分布的统计值进行非线性拟合,得到高斯模型的三个回归参数 a、b、c,见表 7.4。高斯模型参数变化规律见图 7.9。

表 7.4　回归参数结果

模量比 λ	a	b	c	R^2
1.5	7.761	0.675	0.074	1.000
10.0	2.581	0.575	0.219	0.992
100.0	2.084	0.532	0.271	0.992
1000.0	2.011	0.524	0.280	0.989
10000.0	1.997	0.522	0.282	0.989

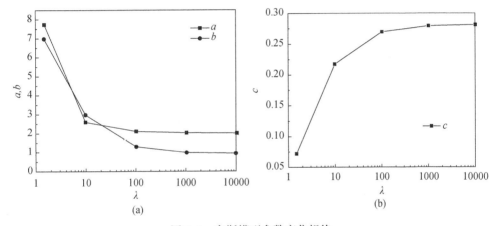

图 7.9　高斯模型参数变化规律

　　观察图 7.9(a)可以看出,材料参数变化对沥青胶砂的应力统计回归参数具有显著影响。材料模量比的变化会引起沥青胶砂内部应力状态的变化。参数 a 随着两种材料模量比的增大而减小,说明当材料模量相差较大时,应力分布的最大概率密度下降,胶砂内部的应力状态分布趋于均匀,胶砂内部的应力状态趋于均匀分布。代表性应力随着两种材料模量比的增大而减小,说明当材料模量相差较大时,沥青胶砂中出现概率最大的应力值随着材料差异的增大而降低,说明当沥青胶砂模量降低时其所承受的应力呈现减小的趋势,此时集料的增强作用更加明显。观察图 7.9(b)可以看出,参数 c 随着两种材料模量比的增大而增大,由于 c 代表的是沥青胶砂的应力分布的标准偏差,所以 c 的增大从另一角度说明,随着模量比的增大,沥青胶砂内的应力分布呈现均匀分布的形式,同时最大应力也在不断增加。

2. 级配对胶砂应力分布规律的影响分析

对于不同的级配结构,由于粗细集料的配比不同,所制备的沥青混凝土也具有不同的空隙结构和材料内部结构。根据已有的研究成果[2-5],集料含量和空隙含量不同会对沥青混合料的路用性能产生显著的影响,传统的研究一般通过试验研究的方法对其进行测试评价,不仅消耗大量的人力物力,而且由于试件组成的随机性,所得的试验结果在某些时候不尽如人意。另外,采用试验测试的方式进行评价只能从唯象的角度对不同因素的影响进行评价和定性分析,并不能给出产生变形和破坏的内部原因。因此,本章借助数字图像方法获取沥青混合料内部的真实组成结构,分析不同级配的沥青混合料内部的应力分布情况,明确空隙对混合料应力状态的影响。

1)不考虑空隙时不同级配应力分布分析

为了研究集料含量对沥青胶砂内部应力状态的影响规律,分离出空隙对胶砂内部应力状态的影响,根据不同沥青混合料试件的切片建立不含空隙的 AC-13、SMA-13 和 OGFC-13 的有限元模型,取模量比 $\lambda = 100$。按照前面所述的方法对沥青胶砂的内部应力状态进行统计,然后对统计后的结果进行非线性拟合,得到高斯参数见表 7.5。不同级配高斯模型参数对比见图 7.10 和图 7.11。

表 7.5　无空隙不同级配统计回归结果

级配类型	a	b	c	R^2	粗集料面积/%
AC-13	1.994	0.525	0.281	0.969	32.6
SMA-13	1.959	0.457	0.279	0.991	51.3
OGFC-13	1.753	0.458	0.316	0.971	42.6

观察图 7.10 可以看出,在不考虑空隙影响的条件下,粗集料含量对沥青胶砂内部的应力状态产生了显著影响。对比不同的级配类型可以发现,粗集料含量的增多有利于降低沥青胶砂内部的代表性应力,胶砂应力状态向低应力状态移动,同时胶砂代表性应力分布的概率密度也在降低。说明粗集料含量增大能够有效地减小沥青胶砂代表性应力的区域,有利于减小沥青胶砂的黏弹性变形,延长黏弹性沥青胶砂的使用寿命。这与骨架密实结构具有较好的抗车辙高温稳定性相互吻合。对不同级配胶砂内部应力状态的分析从细观角度解释了沥青混合料外部变形产生和发展的原因,解释了混合料的变形机理。

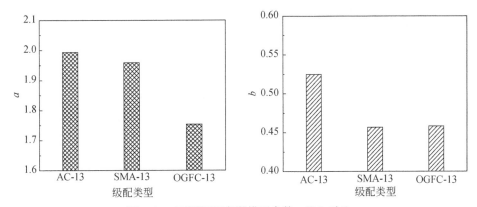

图 7.10　不同级配高斯模型参数 a 和 b 对比

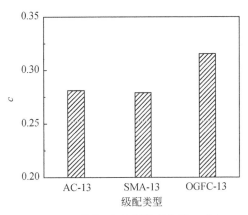

图 7.11　不同级配高斯模型参数 c 对比

观察图 7.11 可以看出,对于不含空隙的不同级配,排水性沥青混合料的应力偏差最大,说明这种混合料内部胶砂应力状态较为分散。沥青胶砂存在较多高应力区域,为了增强混合料的抗破坏能力,需要采用性能更好的沥青作为黏结料。对比悬浮密实结构和骨架密实结构并结合图 7.10 可以看出,由于集料能够起到良好的传力作用,骨架密实结构的应力统计平均值和应力偏差范围均好于其他两种类型的沥青混合料。

2)考虑空隙时不同级配应力分布分析

根据对沥青混合料切片图像特点的讨论分析,沥青混合料切片上空隙呈深黑灰色,灰度值一般在 35 以下,因此可以借助灰度值对沥青混合料内部的空隙进行识别分割,得到集料和空隙的二值图像。采用改进矢量化方法对集料和空隙轮廓进行矢量化处理。运用数学处理软件 MATLAB 编制相应的矢量化程序,并采用参数化建模语言形成模型文件,将集料和空隙组合后,建立含有空隙的沥青混合料平面模型如图 7.12 所示。

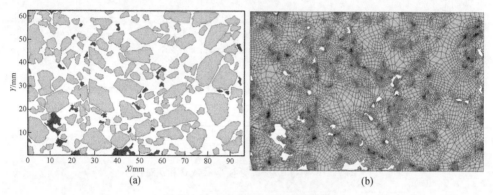

图 7.12　含有空隙的混合料模型

对沥青胶砂的内部应力状态进行统计和非线性拟合,得到高斯参数如表 7.6 所示。对含空隙拟合得到的参数与无空隙模型的参数进行对比分析,如图 7.13 所示。

表 7.6　含空隙不同级配统计回归结果

级配类型	a	b	c	R^2
AC-13	1.951	0.513	0.286	0.954
SMA-13	1.943	0.434	0.281	0.989
OGFC-13	1.475	0.446	0.375	0.980

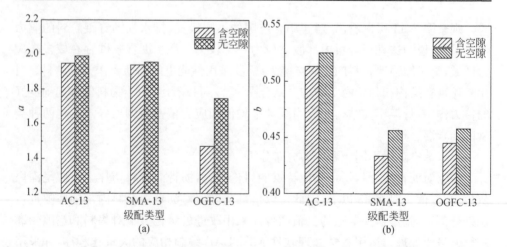

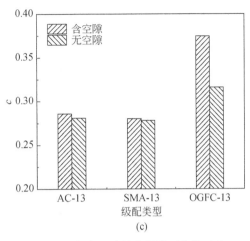

图 7.13　考虑空隙的高斯模型参数对比

观察图 7.13 可以看出,当空隙含量较小时,空隙对沥青胶砂的应力分布统计参数的影响较小。空隙含量增大时,对沥青胶砂的应力分布则产生明显影响。对比不同的级配类型可以发现,空隙对各个级配内部胶砂应力状态的影响趋势是相同的。混合料内部空隙的存在能够减小沥青胶砂的代表性应力值,同时也使沥青胶砂的应力分布更加均匀,高应力区域出现的频率明显增大。可见,空隙对密实型沥青混合料内部的应力分布影响较小,而对排水性多孔沥青混合料的影响是不容忽视的。

3. 成型方式对胶砂应力分布规律的影响分析

采用不同成型方式成型的沥青混合料试件内部集料的分布方向存在一定的差异,采用碾压方式成型混合料试件时,试件内部集料的倾角具有向水平方向倾倒的趋势,并且这种趋势比采用马歇尔成型的试件更明显,小倾角集料比例在逐渐增大。集料分布的差异必然会导致混合料内部应力分布的差异,为了比较不同成型方式所制备的试件内部胶砂的应力状态,以 AC-13 级配为例,分别采用马歇尔击实方法和碾压方法成型马歇尔试件和车辙板试件,并按照前面所述的方法采集不同的混合料切片图像,运用有限元方法对胶砂内部的应力分布情况进行统计分析,采用高斯模型对统计结果进行拟合,得到的参数见表 7.7。

表 7.7　不同成型方式统计回归结果

成型方式	a	b	c	R^2
击实成型	1.994	0.525	0.281	0.969
碾压成型	2.266	0.552	0.239	0.990

　　从表 7.7 中的回归参数可以看出,采用碾压成型的沥青混合料试件内部胶砂的代表性应力高于击实成型的试件,同时胶砂内部代表性应力状态出现的概率密度大于击实成型的试件,应力偏差较小说明采用碾压成型的试件内部的应力状态分布更为集中。这主要是因为碾压成型的试件内部集料方向趋近于水平方向分布,混合料结构均匀一致性较好。

　　4. 受力方向对胶砂应力分布规律的影响分析

　　根据前面的分析可知,采用碾压成型的沥青混合料内部集料有趋向水平分布的趋势,这种趋势会影响内部胶砂的应力状态。而在实际路面工程中,沥青路面面层结构在竖直方向承受压应力,面层层底承受弯拉应力,而混合料内部集料就位方向的分布特点又会影响应力分布。因此,为了探讨不同受力方向对沥青胶砂应力状态的影响,分别在水平和竖直方向施加 $P = 0.7\text{MPa}$ 的压应力,对胶砂沿荷载作用方向的内部应力进行统计分析,采用高斯模型对统计结果进行拟合分析,得到高斯模型参数见表 7.8。不同受力方向得到的应力分布概率密度对比如图 7.14 所示。

表 7.8　不同受力方向统计回归结果

级配类型	a	b	c	R^2
水平单轴压缩	1.904	0.446	0.289	0.994
竖直单轴压缩	2.266	0.552	0.239	0.990

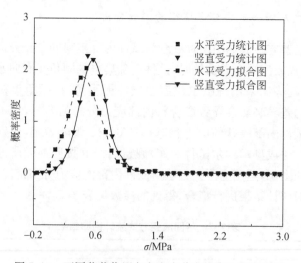

图 7.14　不同荷载作用方向应力分布概率密度对比图

从图 7.14 可以看出,当荷载沿不同方向作用时,沥青混合料内部胶砂的应力分布发生了明显的变化,在水平受力时沥青胶砂的应力状态和另一方向相比明显偏向低应力状态。并且沥青胶砂的应力偏差分布也明显增大,虽然最大应力没有发生变化,但胶砂低应力区域明显增多。由此可以看出,集料就位方向对沥青胶砂内部应力分布具有显著影响,沥青混合料沿集料长轴分布方向的传力效果好于其短轴方向的传力效果。

7.1.3　路面应力分布对比分析

1. 沥青混合料材料参数影响因素分析

采用数值模拟的方法对沥青混合料的弹性模量和泊松比进行模拟计算分析,在数值模型顶部施加 0.7MPa 的压应力,计算模型顶面的竖直平均位移,然后计算试件的平均应变,从而计算沥青混合料的弹性模量,进而运用此参数进行路面应力计算分析。由于沥青胶砂是一种典型的黏弹性材料,胶砂的泊松比会随温度的改变而改变,胶砂泊松比的变化对沥青混合料的性能会产生影响。以往只能通过试验的方式进行研究,不仅费时费力而且变形测量结果与期望值相差较远,而采用数值模拟的方法可以从理论角度对其进行模拟分析。以下分析胶砂泊松比对混合料力学性能的影响规律。

假设沥青胶砂的弹性模量为 200MPa,沥青胶砂的泊松比分别采用 0.2、0.3、0.4、0.45、0.49。集料的弹性模量为 20GPa,由于集料泊松比变化较小,在此过程中假定为 0.2,并保持不变。分别对级配 AC-13、SMA-13 和 OGFC-13 进行对比分析,对比结果如图 7.15 所示。

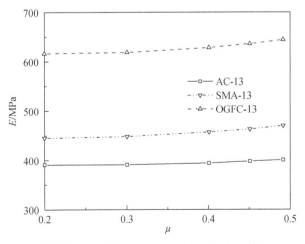

图 7.15　弹性模量随胶砂泊松比变化规律

观察图 7.15 可以看出,沥青混合料的弹性模量随着胶砂泊松比的增大而增大,并且对于不同的级配泊松比的影响也稍有差别。对比不同级配的粗集料含量情况可以发现,粗集料含量越大,胶砂泊松比的影响就越显著。但从总体来看,胶砂泊松比的影响还是有限的,泊松比的变化对弹性模量的影响并未超过弹性模量的 5%,因此在某些情况下可以忽略泊松比对沥青混合料复合模量的影响。

通过前面的分析可以看出,集料和沥青胶砂模量比值的不同会造成混合料内部应力分布的不同,内部应力分布的不同必定会引起混合料外部宏观力学响应的不同。为了明确集料对沥青混合料的增强效果,对不同模量比情况下混合料的弹性模量进行数值模拟计算分析。根据复合材料增强理论定义集料的增强系数为

$$\alpha = \frac{E_{\text{mixture}}}{E_{\text{mastic}}} \tag{7-2}$$

式中,α 为集料增强系数;E_{mixture} 为沥青混合料弹性模量;E_{mastic} 为沥青胶砂弹性模量。在模拟计算时,所用的集料弹性模量为 20GPa,集料泊松比变化较小,在此过程中假定为 0.2。沥青胶砂的泊松比对弹性模量的影响在 5% 以内,因此在计算过程中假定沥青胶砂的泊松比为 0.3。计算结果如图 7.16 所示。

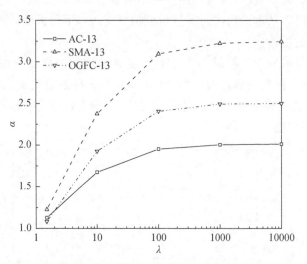

图 7.16　集料增强系数随模量比变化规律

观察图 7.16 可以看出,集料对沥青混合料的增强系数随着集料与沥青胶砂模量比的增大而逐渐增大,并且当模量比高于 100 时,集料增强系数趋于稳定。由于沥青胶砂具有黏弹性材料性质,当温度升高时,沥青胶砂的模量减小,此时集料的增强效果要比在低温时的增强效果更加明显。并且集料的增强系数与集料的含量

是密切相关的。随着粗集料含量的增多,集料的增强效果也更加明显,这样就从复合材料的角度明确了骨架密实结构高温稳定型形成的机理。

上面对沥青混合料弹性模量影响因素的分析是在集料模量保持不变的情况下进行的。《公路沥青路面施工技术规范》[6]对道路路面所用的集料材料基本性质进行了规定,并且指出在高等级路面修筑时应该选用质地良好的矿质集料。采用性能良好的集料对保证沥青路面的使用性能具有至关重要的作用。基于此本章采用数值模拟的方法分析集料性质对沥青混合料弹性模量的影响。假设沥青胶砂的弹性模量为 200MPa,沥青胶砂的泊松比采用 0.3。集料的弹性模量分别采用 5GPa、15GPa、20GPa、30GPa、40GPa、55GPa,由于集料泊松比变化较小,在此过程中假定为 0.2,并保持不变。分别针对 AC-13、SMA-13 和 OGFC-13 进行了对比分析,对比结果如图 7.17 所示。

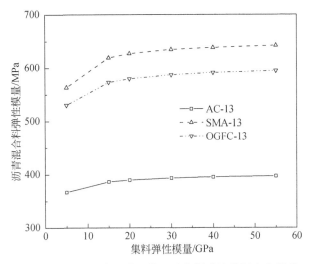

图 7.17　沥青混合料弹性模量随集料弹性模量变化规律

观察图 7.17 可以看出,沥青混合料弹性模量随着集料弹性模量的增大而增大,当集料弹性模量高于 20GPa 时,集料模量对沥青混合料弹性模量的影响逐渐趋于稳定,此时采用弹性模量高于 20GPa 的集料对混合料材料性能参数不会引起较大的变化。对比不同级配发现,对于粗集料含量较高的级配(如 SMA-13),集料材料性能参数对混合料性能的影响更显著,此时若采用模量较低的集料则使沥青混合料的弹性模量明显偏低,集料对混合料材料性能的影响将直接导致沥青路面路用性能下降,同时降低沥青路面的使用寿命。由此可见,采用符合要求的集料对于修筑高等级道路路面的重要性。

2. 沥青路面多尺度应力分布规律分析

1)道路结构参数及材料参数的选定

在工程实际中,沥青路面的结构根据下部基层和底基层刚度的不同,大致可以分为半刚性基层沥青路面和柔性基层沥青路面。半刚性基层沥青路面是我国现阶段一种广泛采用的高等级道路结构。它是在半刚性基层上铺筑一定厚度的沥青混合料面层的结构。基层一般采用水泥稳定或石灰稳定材料,弹性模量较大。高速公路半刚性基层沥青路面结构的面层厚度较薄,一般为三层,总厚度为 15~16cm。以往的研究中对路面面层结构材料一般按照各向同性材料处理,然后赋予材料弹性或黏弹性材料特性,采用有限元方法或层状体系理论方法进行求解[7-9]。然而,真实的沥青路面是一种复合材料,各组成材料之间的差异必然会导致沥青混合料内部应力分布状态的复杂性。采用各向同性材料假设所计算得到的结果不能准确反映真实的混合料内部应力状态。基于此,借助数字图像处理方法建立沥青路面真实的多尺度混合料模型,对沥青路面的应力分布状况进行分析。参照文献[10]研究中所推荐的典型路面结构,拟定本章研究中所采用的半刚性基层沥青路面结构参数见表 7.9。根据我国现行的路面设计规范规定的 BZZ-100 轴载,计算得到双圆等效均布荷载 $P=0.7$MPa,当量圆直径 $d=0.213$m,双圆中心间距为 $1.5d$。

表 7.9　半刚性基层沥青路面结构参数

结构层	厚度/cm	弹性模量/MPa	密度/(kg/m³)	泊松比
面层	5	380	2400	0.35
	10	640	2400	0.35
基层	34	1300	2340	0.20
底基层	20	1250	2340	0.30
土基	50	100	1730	0.40

根据道路结构的特点,建立道路路面结构平面应变模型,如图 7.18 所示。模型宽度为 1.0m,路面结构各层采用弹性体假设,此处假设路面面层均采用 AC-13 型密级配沥青混凝土。在多尺度模型中,采集的沥青混合料照片经过数字图像处理和矢量化处理之后得到了一个多尺度路面面层材料模型。然后将此多尺度模型与各向同性的路面材料在连接处以节点共用的方式连接,道路结构其他各层材料采用各向同性材料的假设。参照文献[11]并结合工程实际状况在此模型上施加位移约束。模型底面对各方向位移进行约束。垂直于 x 轴的模型侧面施加 x 方向位移约束、释放 y 方向位移约束,相应地对另外两个侧面约束 y 方向位移、释放 x 方

向位移。在模型左上部施加等效转换的车辆荷载作用，各结构层之间采用节点共用的方法达到层间连续的目的。

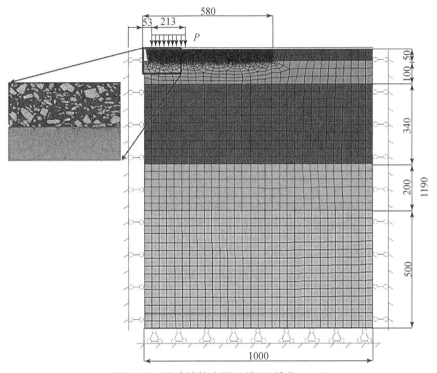

图 7.18   道路结构有限元模型（单位：mm）

2）多尺度面层结构应力分析

根据前面所建立的多尺度和均质材料混合模型，对模型进行弹性求解计算，对沥青面层内部胶砂的应力分布情况进行研究。根据前面的分析，胶砂应力分布呈现高斯分布的特点，难以用某一确定的值作为非均值模型的评价指标，而在道路路面工程中，沥青路面的破坏主要是由沥青胶砂的破坏或者沥青黏结料的破坏引起的，因此对沥青胶砂的弯拉应力的评价显得尤为重要。

观察图 7.19 可以看出，在等效车辆荷载的作用下，混合料内部的最大应力为 19.7MPa，集中在集料部分，而对于沥青胶砂，其内部的水平最大应力为 0.894MPa，两者应力相差约 19MPa。这主要是由于集料和沥青胶砂的黏结界面处两者材料性能差异较大。在黏结界面处由于位移连续，集料刚度较大，即使一个微小的应变变形也会导致在集料内部产生较大的应力。界面处的应力集中必然会引起沥青混合料黏结界面的失效，最终导致沥青混合料的开裂破坏，这与沥青混合料的常见破坏形式是一致的。

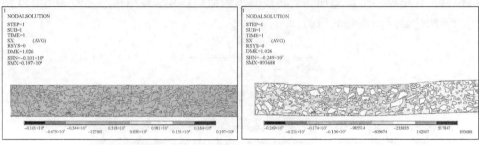

(a)总体应力云图　　　　　　　　　　　(b)胶砂应力云图

图 7.19　多尺度面层模型水平方向应力云图(单位:Pa)

观察图 7.20 可以看出,混合料内部水平应力主要分布在中线(图中虚线)以下部分,就位方向接近水平的集料边缘拉应力较大,在集料的其他区域应力分布比较均匀。这是因为,在位移连续的假设下,沥青胶砂产生较大的变形,同样的变形在集料边缘会产生较大的应力。由此可以看出,集料边缘拉应力的存在将会引起集料与沥青胶砂脱黏,并最终导致混合料开裂破坏。

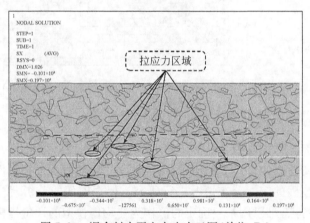

图 7.20　混合料水平方向应力云图(单位:Pa)

3)多尺度面层结构变形特性分析

对工程材料而言,施加应力和应变的荷载效果是等效的。当应力或者应变超过材料的破坏极限时,同样会造成材料的破坏。因此,除对沥青混合料的弯拉应力进行评价外,沥青路面面层底部的弯拉应变也是需要控制的一个重要参数,根据前面所建立的多尺度和均质材料混合模型,对沥青面层内部胶砂的应变变形情况进行研究。

观察图 7.21 可以看出,在等效车辆荷载的作用下,混合料内部的最大应变约为5596με,位于混合料中集料接触的部位,并且处在面层底部区域。这说明沥青混合料的破坏主要发生于集料间相互接触的部位。另外,沥青胶砂的水平应变大多为压应变,只在荷载作用下的路面区域内和荷载边缘的面层上部产生了水平弯拉变形。由于沥青胶砂为黏弹性材料,沥青胶砂在荷载的反复作用下蠕变变形逐渐扩展,最终进入蠕变破坏阶段,导致沥青混合料黏结失效,造成松散破坏。

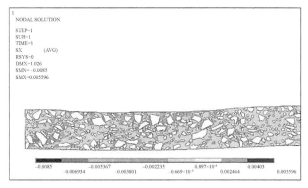

图 7.21　胶砂水平应变云图

3. 多尺度模型与均质模型对比分析

为了明确多尺度模型与均质模型的差异,建立相应的均质材料有限元模型,模型尺寸与多尺度模型完全相同。模型中面层材料参数选用前文中数值模拟结果。其他路面结构参数见表7.9。

观察图7.22可以看出,采用均质模型和多尺度模型计算得到的最大拉应力偏差较大,采用均质模型计算得到的最大拉应力为0.118MPa,采用多尺度模型计算

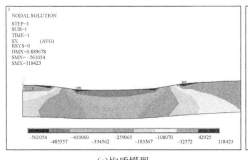

(a)均质模型

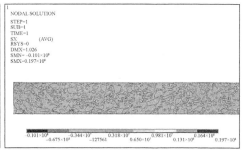

(b)多尺度模型

图 7.22　水平应力对比(单位:Pa)

得到的最大拉应力为 19.7MPa，后者是前者的 167 倍。可见采用原有的各向同性均质模型计算混合料内部的应力会低估沥青混合料内部的真实应力。

为了比较不同模型在弯沉变形计算上的准确性，分别提取了路面表面的竖直方向位移，如图 7.23 所示。

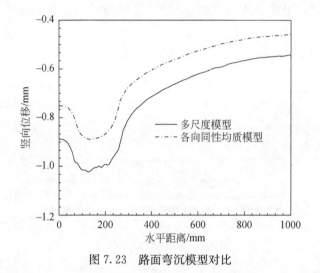

图 7.23　路面弯沉模型对比

观察图 7.23 可以看出，在各向同性假设下，沥青路面的弯沉计算值低于多尺度模型的计算值。这是因为，多尺度模型中，集料在沥青胶砂基体内没有形成有效的骨架结构，仅起到夹杂增强的效果，沥青面层的变形主要由胶砂变形组成，这导致弯沉计算值偏大。

7.2　沥青混凝土细观水损规律

7.2.1　沥青混合料细观模型构建方法

采用方正 T300 扫描仪采集沥青混合料切面图像，采用中值滤波方法去除图像噪声[12]，利用分水岭算法消除集料粘连，图像经处理后转为二值图像。利用 R2V 软件将二值图像进行矢量化并将矢量化的图像导入 ABAQUS 中，利用 MATLAB 自编程序实现集料-胶砂界面和胶砂内部零厚度内聚力单元的嵌入，有限元建模过程如图 7.24 所示。

采用半圆弯拉试验评价水扩散对沥青混合料抗裂性能的影响程度。借助有限元软件 ABAQUS 按顺序耦合的方式进行模拟分析。水扩散分析中，采用 DC2D4

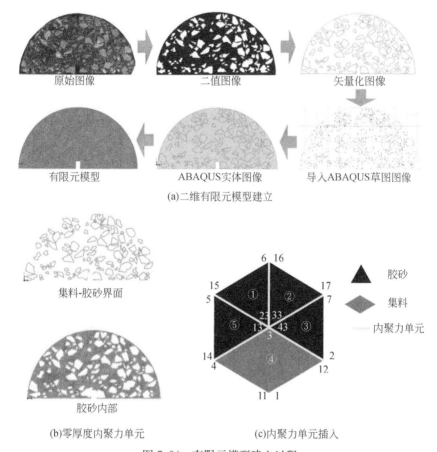

原始图像　　二值图像　　矢量化图像

有限元模型　　ABAQUS实体图像　　导入ABAQUS草图图像

(a)二维有限元模型建立

集料-胶砂界面

胶砂内部

(b)零厚度内聚力单元

▲ 胶砂

◆ 集料

—— 内聚力单元

(c)内聚力单元插入

图 7.24　有限元模型建立过程

和 DC2D3 单元进行自由网格划分。受力分析时,网格形式不变,单元类型转为 CPS4R 和 CPS3。水扩散和力学分析中的边界条件如图 7.25 所示。

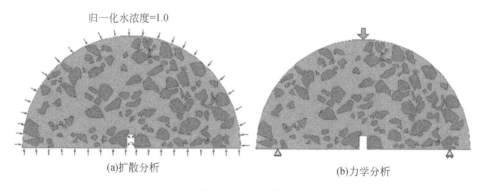

归一化水浓度=1.0

(a)扩散分析　　(b)力学分析

图 7.25　边界条件

试验研究选用 AH-70♯沥青,沥青胶砂中的集料为 2.36mm 以下粒径集料。沥青混合料和沥青胶砂的最佳油石比分别为 5.0%和 10.8%,空隙率分别为 5.6%和 1.9%。采用增重法测定不同温度下水扩散系数,结果见表 7.10。在力学分析时,集料拟定为线弹性材料,其弹性模量为 20GPa,泊松比为 0.2,胶砂泊松比为0.35。20℃时胶砂线黏弹性材料的 Prony 级数参数[13]见表 7.11。采用双线性内聚力模型模拟沥青胶砂、胶砂与集料界面的断裂行为,内聚力单元类型为COH2D4,其本构关系如图 7.26 所示。

表 7.10　集料和胶砂水扩散系数　　　　　（单位:$10^{-9}\mathrm{m}^2/\mathrm{s}$）

5℃		20℃		40℃	
集料	胶砂	集料	胶砂	集料	胶砂
0.166	0.028	0.273	0.087	0.430	0.143

表 7.11　20℃下胶砂的 Prony 级数参数

参数 i	g_i	τ_i/s	E_0/MPa
1	0.542	0.05	
2	0.166	0.65	
3	0.100	6.71	800
4	0.098	48.78	
5	0.070	243.9	
6	0.034	613.5	

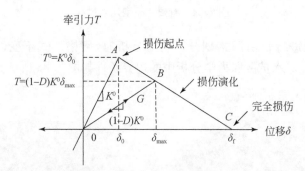

图 7.26　双线性牵引模型本构关系

当牵引力应力状态满足式(7-3)时,内聚力单元开始发生损伤:

$$\left\{\frac{\langle T_n\rangle}{T_n^0}\right\}^2+\left\{\frac{T_s}{T_s^0}\right\}^2=1 \tag{7-3}$$

式中,〈〉为麦考莱(Macaulay)括号,表示压缩(负法向牵引力)不会对内聚力单元造成损坏;T_n^0 和 T_s^0 分别为法向和剪切方向上的牵引力;T_n 和 T_s 分别为损伤开始时的纯法向牵引力和纯剪切牵引力。一旦失效开始,材料就进入软化状态,通过定义损伤变量 D 来量化这一过程:

$$D = \frac{\delta_f(\delta_{max} - \delta_0)}{\delta_{max}(\delta_f - \delta_0)} \tag{7-4}$$

式中,δ_0、δ_{max}、δ_f 分别为损伤起始时的有效位移、加载过程中获得的最大有效位移以及完全破坏时的有效位移。采用基于能量的幂法则失效准则描述混合模式下的完全失效:

$$\left\{\frac{G_n}{G_n^c}\right\}^2 + \left\{\frac{G_t}{G_t^c}\right\}^2 = 1 \tag{7-5}$$

式中,G_n^c 和 G_t^c 分别为纯法向和纯剪切方向下的断裂能;G_n 和 G_t 分别为纯法向和纯剪切方向下的耗散能。完成半圆弯拉试验后,根据相关理论方法[14,15]计算所需内聚力参数。20℃下的内聚力模型参数见表 7.12。

表 7.12　20℃下的内聚力模型参数

内聚力单元类型	破坏应力/MPa	断裂能/(J/m^2)
胶砂-胶砂	1.6	900
集料-胶砂界面	1.3	900

根据 Ban 等[16,17]的研究成果,采用指数函数描述材料性能随水分浓度的衰变规律:

$$\frac{\Omega_{wet}}{\Omega_{dry}} = \exp\left[-k_i\left(\frac{\phi}{\phi_0}\right)n_i\right] \tag{7-6}$$

式中,Ω_{dry} 为干燥状态的材料性能;Ω_{wet} 为任意浓度水平下受水分影响的材料性能;ϕ 为任意水平的水分浓度;ϕ_0 为饱和状态下的水分浓度;k_i 和 n_i 为模型参数,下标 i 分别为内聚力单元的黏结强度 T 和断裂能 G。本研究中,$k_T=1.15$,$k_G=1.65$,$n_T=1.51$,$n_G=4.44$。

利用 USDFLD 子程序实现水分浓度场与力学性能的耦合。由于内聚力单元网格类型无法用于水扩散模拟,通过无内聚力单元的水扩散分析得到了混合料水分浓度场,基于零厚度的内聚力单元与水扩散单元共节点的特点,对相同坐标的节点赋予相同的浓度值,以此生成含有内聚力单元模型的节点浓度,并将其保存为 dat 文件,dat 文件被转化为力学分析时的初始状态。这些浓度数据可由 USDFLD 子程序读取,通过线性插值确定浓度相关力学参数,实现水分浓度场与力学参数的耦合。

7.2.2　模型参数对比验证

沥青混合料半圆试件裂缝扩展路径对比如图 7.27 所示,受力特征曲线如图
7.28 所示。

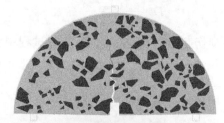

(a)模拟裂缝扩展路径

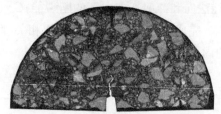

(b)试验裂缝扩展路径

图 7.27　裂缝扩展路径对比

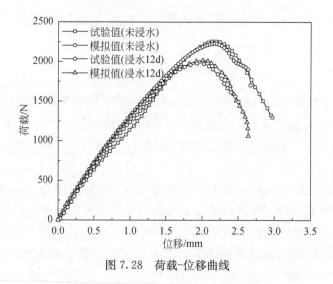

图 7.28　荷载-位移曲线

由图 7.27 可知,半圆试件裂缝扩展路径模拟结果与试验结果基本吻合。由图
7.28 可以看出,未浸水与浸水处理后试件的荷载-位移曲线模拟值和试验值基本

吻合,说明本节所采用的模型参数是可行的,并且可以准确描述沥青混合料在水损前后弯拉性能的变化情况。虽然峰后曲线差异略有增大,但并不影响极限承载力的预测精度。本节所建立的二维细观模型能够准确反映沥青混合料的裂缝扩展路径和受力特征。

7.2.3　损伤模式对沥青混凝土损伤程度的影响

沥青混合料损伤包括胶砂黏聚损伤和油石界面黏结损伤两方面。为了明确两种损伤模式对沥青混合料性能的影响程度,采用数值方法对不同损伤工况进行对比分析,荷载-位移曲线如图 7.29 所示;不同损伤工况下的强度损伤比与损伤程度的关系如图 7.30 所示。

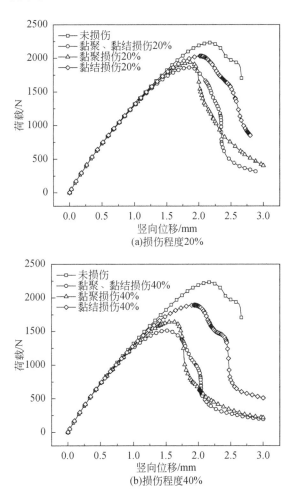

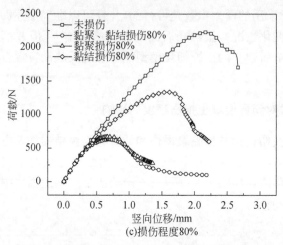

图 7.29　不同损伤工况的半圆弯拉荷载-位移曲线

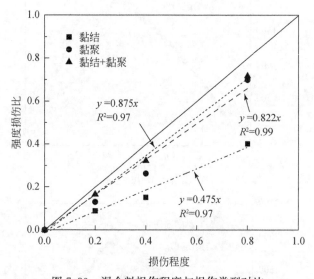

图 7.30　混合料损伤程度与损伤类型对比

由图 7.29 可看出,在不同损伤程度下,混合料的荷载峰值和破坏位移随着损伤程度的增加逐渐降低。对比极限承载力可以看出,不同形式损伤的影响程度依次为黏结+黏聚＞黏聚＞黏结。可以看出,黏聚损伤对沥青混合料强度的影响更大。随着损伤程度的增加,黏聚损伤与黏结+黏聚损伤下的荷载-位移曲线逐渐重合(图 7.29(c)),说明当黏聚损伤较大时,黏结损伤对沥青混合料的影响已不明显。

由图 7.30 可知,不同损伤类型下,混合料强度损伤比随着内部损伤程度呈线性增加趋势。回归斜率代表混合料损伤程度对内部损伤类型的敏感性。斜率越大,敏感性越高。黏结＋黏聚损伤、黏聚损伤以及黏结损伤的回归斜率分别为0.875、0.822、0.475。这说明黏聚＋黏结损伤时的力学性能降低最快,其次是黏聚损伤,最小是黏结损伤,黏聚损伤对混合料的弯拉性能起主导作用。

7.2.4　水-温耦合作用下沥青混合料水扩散规律分析

沥青路面温度总是随着时间和季节的变化而变化。降雨过后,路面干燥过程与温度变化同时发生。据统计资料,我国降雨持续时间小于12h的占70%以上[18,19]。因此,本节研究将降雨历时选为12h,拟定干燥时间分别为1d、3d、5d和7d,进行数值分析。假设降雨期间的路面温度为20℃,温度历史按6月份路面日温度变化规律循环。当降雨发生时,水分归一化浓度边界用1表示,干燥期以0表示,水-温耦合过程如图7.31所示。

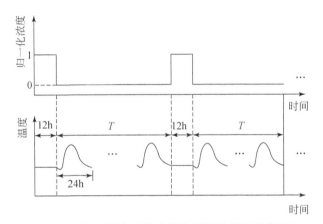

图7.31　水-温耦合过程示意图:干湿边界与温度历史

取半圆试件竖向路径若干位置作为参考点,如图7.32所示。干燥周期为1d时,混合料内1.4mm、3.4mm、8.7mm、26.8mm部位处的水分浓度如图7.33所示。

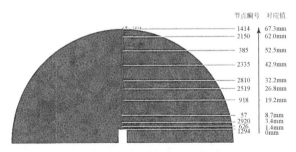

图7.32　参考点位置示意图

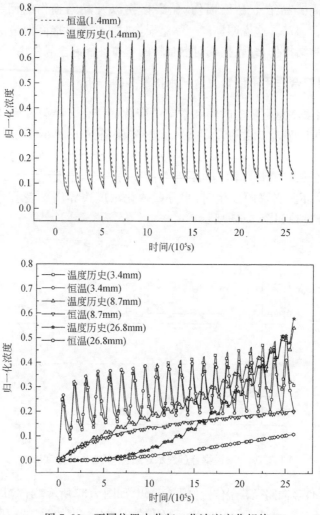

图 7.33　不同位置水分归一化浓度变化规律

　　从图 7.33 可以看出,在干湿循环过程中,表面附近区域(图 7.33(a))水分浓度随干湿循环周期性变化,虽然浓度有所增加但增幅很小,温度历史与恒温作用的水浓度无显著差异。在混合料内部区域,温度历史影响下水分浓度高于恒温。经过20 个干湿循环,温度历史作用下水浓度从大到小依次是 26.8mm、8.7mm、3.4mm,这说明,随着干湿循环次数的增加,水分向混合料更深层扩散。8.7mm 和26.8mm 处的归一化浓度比恒温时分别提高 200%和 350%,这说明温度历史对沥青路面内部干湿状态具有显著影响,干湿循环对路面表面以下更深部位混合料的影响不容忽视。干燥过程中,水分也会向混合料内部扩散。为了评价降雨间隔对水扩散进程的影响,选取 26.8mm 部位处的归一化浓度作为参考指标,干燥周期 T

设置为 1d、3d、5d、7d 进行水扩散分析,结果如图 7.34 所示。

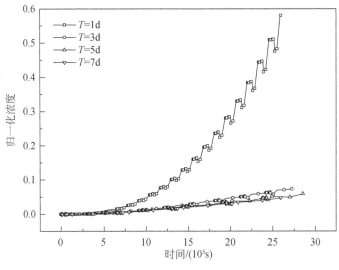

图 7.34　干燥周期对归一化浓度的影响

　　如图 7.34 所示,沥青混合料内部水分浓度受干燥周期影响。干燥时间越长,循环后水分浓度越低。混合料内部区域水分浓度大致单调上升,干燥时间越短,水分浓度增长越快。当干燥周期超过 3d 时,混合料内部水分浓度随时间线性增长。以干燥周期 1d 为例,对不同位置归一化浓度进行提取,得到不同干湿循环次数的水分浓度分布,如图 7.35 所示。

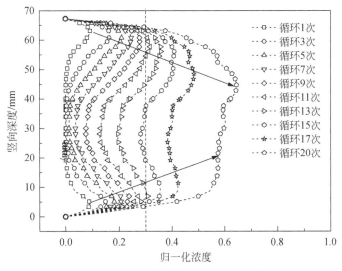

图 7.35　归一化浓度随空间位置变化关系

由图 7.35 可知,干湿循环后,混合料内部的水分浓度明显高于表面附近区域的水分浓度。随着干湿循环次数的增加,归一化浓度峰值逐渐向混合料内部移动。在经历 20 个周期历程后,归一化水分浓度已接近 0.7。

7.2.5　水-温耦合作用下沥青混合料损伤开裂特点

以 30d 作为水扩散参照时间,经历不同干湿循环历史后,沥青混合料荷载-位移曲线如图 7.36 所示。

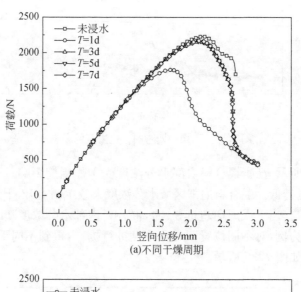

(a)不同干燥周期

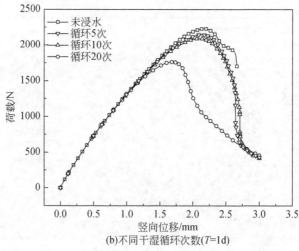

(b)不同干湿循环次数(T=1d)

图 7.36　干湿循环后沥青混合料荷载-位移曲线

由图 7.36 可知,随着干燥周期缩短或者循环次数的增加,沥青混合料半圆试件峰值荷载逐渐降低,破坏位移逐渐减小。图 7.36(a)中,干燥周期为 1d 的峰值荷载最低,降低了约 27%;此外,当干燥时间大于等于 3d 时,混合料的荷载-位移曲线基本重合,峰值荷载和破坏位移差距很小,说明降雨间隔时间越长,沥青混合料强度损伤越小。从图 7.36(b)可看出,循环次数越多,沥青混合料强度损伤程度越大。为了评价水损后沥青混合料的裂缝扩展情况,分析干燥周期为 1d、不同循环次数作用后沥青混合料的微裂缝密度和裂缝聚合程度,结果如图 7.37 和图 7.38 所示。

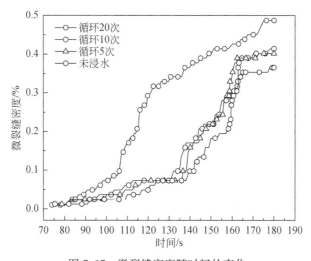

图 7.37　微裂缝密度随时间的变化

由图 7.37 可知,不同干湿循环条件下,微裂缝密度随时间的变化曲线分为缓慢—快速—缓慢三个阶段,初始加载阶段,试件内部会萌生微小裂缝,达到峰值荷载后,微裂缝密度迅速增加,最终趋于稳定。未浸水时,微裂缝出现时间为 82s,这意味着试件开始出现损伤,随着干湿循环次数的增加,试件出现微裂缝的时刻提前,微裂缝密度增长速率增大,20 次干湿循环作用后,沥青混合料的微裂缝密度比对照组增加了 33%。

由图 7.38 可知,干湿循环次数越多,裂缝聚合程度越大,这不仅预示着混合料开裂时刻提前,裂缝扩展速率加大,而且主裂缝长度增大,混合料趋于脆性破坏。因此,混合料裂缝演化过程亦会受干燥周期和干湿循环次数的影响。

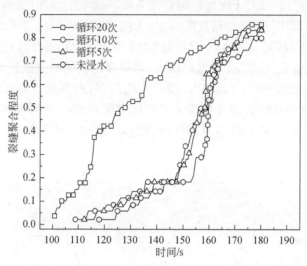

图 7.38　裂缝聚合程度随时间的变化

参 考 文 献

[1] 王端宜,吴文亮,张肖宁,等. 基于数字图像处理和有限元建模方法的沥青混合料劈裂试验数值模拟[J]. 吉林大学学报(工学版),2011, 41(4):968-973.

[2] Choubane B, Page G C, Musselman J A. Investigation of water permeability of coarse graded superpave pavements[J]. Journal of the Association of Asphalt Paving Technologists,1998, 67：58-65.

[3] 李立寒,曹林涛,郭亚兵,等. 初始空隙率对沥青混合料性能影响的试验研究[J]. 同济大学学报(自然科学版), 2006, 34(6):757-760.

[4] 李好新,索智,王培铭. 不同空隙率沥青混合料的形变及破坏[J]. 建筑材料学报,2008, 11(3):306-310.

[5] 朱梦良,王民,邱鑫贵. 空隙率对沥青混合料性能的影响分析[J]. 长沙交通学院学报,2005, 21(3):25-31.

[6] 中华人民共和国交通部. 公路沥青路面施工技术规范(JTG F 40—2004)[S]. 北京:人民交通出版社, 2004.

[7] 郭大智,任瑞波. 层状黏弹性体系力学[M]. 哈尔滨: 哈尔滨工业大学出版社, 2001.

[8] 薛亮,张维刚,梁鸿颥. 考虑层间不同状态的沥青路面力学响应分析[J]. 沈阳建筑大学学报, 2006, 22(4):575-578.

[9] 刘英伟. 基于层状弹性体系理论的沥青路面结构分析[D]. 长春:吉林大学,2007.

[10] 吕彭民,董忠红. 车辆-沥青路面系统力学分析[M]. 北京:人民交通出版社, 2010.

[11] Souza F V, Castro L S. Effect of temperature on the mechanical response of thermo-viscoelastic asphalt pavements [J]. Construction and Building Materials, 2012, 30：

574-582.

[12] Guo Q，Bian Y，Li L，et al. Stereological estimation of aggregate gradation using digital image of asphalt mixture[J]. Construction and Building Materials，2015，94：458-466.

[13] 郭庆林. 沥青混合料内部应力分布及其对黏弹性能的影响研究[D]. 长春：吉林大学，2013.

[14] 陈刚. 基于细观结构的沥青混合料界面开裂特性研究[D]. 呼和浩特：内蒙古工业大学，2015.

[15] Kim H，Buttlar W G. Finite element cohesive fracture modeling of airport pavements at low temperatures[J]. Cold Regions Science and Technology，2009，57(2-3)：123-130.

[16] Ban H，Kim Y R. Integrated experimental-numerical approach to model progressive moisture damage behavior of bituminous pavingmixtures[J]. Canadian Journal of Civil Engineering，2012，39(3)：323-333.

[17] Ban H，Kim Y R，Rhee S K. Computational microstructure modeling to estimate progressive moisture damage behavior of asphaltic paving mixtures[J]. International Journal for Numerical and Analytical Methods in Geomechanics，2013，37(13)：2005-2020.

[18] 殷水清，王杨，谢云，等. 中国降雨过程时程分型特征[J]. 水科学进展，2014，25(5)：617-624.

[19] 刘丹. 干湿交替作用下沥青混凝土高温性能变化规律研究[D]. 邯郸：河北工程大学，2018.